Leaves
Publishing

根　以讀者爲其根本

莖　用生活來做支撐

葉　引發思考或功用

果　獲取效益或趣味

私房料理

跟著名人學做菜

張麗君 著

人間美味

呂秀蓮

平凡就是美

　　近年來，美食大行其道，坊間各式食譜書無論種類或內容日趨多元，印刷也愈來愈精美，令人賞心悅目。儘管各類型食譜書在目的方面包括養身、美容或美食等不盡相同，均偏重於技藝或技巧的傳授，也即是所謂的工具書。

　　《私房料理——跟著名人學做菜》一書令人驚艷，在眾多的食譜書中獨具一格，因為該書不只是食譜，內容饒富人文氣息，像是散文式的美食書。

　　作者張麗君小姐以細膩、溫婉的筆觸，將書中人物作了鮮活描繪，由於書中人物均為社會知名人士，讀者可經由作者近身觀察的角度，了解這些名人怎麼過日子，他們的生活態度，以及愛的付出均十分動人，也有諸多值得學習之處。

　　書中許多主角都是我的老朋友，然而看了《私房料理——跟著名人學做菜》，才發現這些老友還有不少鮮為人知的一面，相信廣大讀者也會跟我一樣，覺得此書不僅趣味盎然，而且頗有深意，讓我們對於平凡的幸福有更深體悟。

　　張麗君小姐是資深優秀的新聞工作者，她有記者敏銳的觀察力，亦有作家的生動文筆。數年前，她曾訪問過內人，兩人一見如故，相談甚歡，內人即將內心世界與其分享，張小姐的報導內容既感性又深刻，使家人和友人都深受感動。

　　《私房料理——跟著名人學做菜》一書也展現了這種風格，是本很有氣質的食譜書，令人激賞！

最好吃的家常菜

　　我從小就很好吃，八歲左右的時候，我曾經告訴我的母親說：將來一定要娶一個會燒肉給我吃的太太。直到今天，我的媽媽還在講這個故事；而我的太太呢，她曾經按照某一食譜，用洋蔥粉和一種叫做 Boston Butt 的肉，做成了一大盤味美無比的肉，又嫩又鮮。可惜洋蔥粉只有美國才有，Boston Butt 也只有美國買得到，現在我只有在夢中才能享受這一道美食了。

　　我雖然好吃，但從來不喜歡吃貴的菜；而且我還有一個毛病，凡是貴重的菜，一概無動於衷。我只喜歡吃一些小炒，最典型的就是客家小炒，或者是雪菜百頁，如果有人請我吃這種菜，我就高興得不得了。

　　所以我很感激張麗君女士寫的這本書，固然書裡的菜全是家常菜，而且材料也很容易買到，這種菜吃起來最過癮了。

　　張女士的書一出來，我一定會搶購一本，然後也會照著做。我非常喜歡做菜，就算天氣很熱（我家廚房有一些西曬），但只要有空，我一定會下廚。我太太永遠說我做得好，她的如意算盤是，只要她說我菜做得好，我就會繼續地去做。這樣，她就不會太辛苦了。

　　燒好了菜，找誰來吃？我的朋友個個年歲已大，平時什麼好吃的菜都吃過了，請他們來，他們一定不會心存感激，所以我向來找那些飢餓的學生來吃。這些學生永遠捧場，除了將飯鍋裡的飯弄得一粒不剩之外，盤子裡的菜也會被一掃而空。

　　這本書什麼都好，但仍有個缺點，那就是沒有我的私房菜。前些日子，我燒了一種西洋燒法的燉豬肉給我太太吃，我太太說我燒出來的豬肉味道像鵝肉，可見我多偉大。張女士答應下次寫續集，會來看我燒飯，我龍顏大悅，就在此寫這篇推薦序。相信她的書一定會大賣的。

暨南大學教授

李家同

精神昇華與心靈交流的媒介

台灣病了。人民吃了太多的「政治」，氣脈不通，心理失衡，性情暴躁。

看張麗君女士這本書，病情可以得到紓解。

初識張麗君是我在陸委會負責發言的時候。不同於多數台灣的記者，她專業而穩重、大方而有禮，從不為業績而犧牲做人。但是要再過幾乎十年，我才能一窺堂奧，得知她努力的成就和脫俗的內涵。

基隆女中第一名畢業後，她聯考的成績足以進一流國立大學。但是只填寫新聞系志願的她，因而走上了一生從事媒體工作的道路。如果當初家裡稍為寬裕，張麗君今天可能是留學歸國的博士教授。雖然人生啟步緩慢，她至今無悔。

現在，她已是經過三家報社歷練的資深記者，也是出過三本受歡迎佳書的作家。像當水手的父親探險四海一般，她遨遊台灣多彩的社會，廣結善緣。承繼母親烹飪的嗜好，她以此發掘政、商、文藝各行菁英（筆者除外）不為人知的另一面，而成此書。

美食不只是味覺的享受，它也是精神昇華與心靈交流的媒介。正如 1987 年奧斯卡獎名片《芭比的盛宴》（Babette's Feast）所呈現的：細膩精緻的烹飪提供了難忘的場合。它撫平了人際的爭執，提升了社交的境界，並讓參與的人流露了多年來深藏在肺腑的愛慕，感謝和關懷。

歐美先進國家，民主化是漸進而穩重的，花上數百年才有今日的成果。他們的政治社會領袖，不乏詩人、藝術家、演奏者、美食烹飪師。

台灣則不然。在短促幾十年間，隨著快速地經濟成長，我們已是民主國家。

台灣人民獲得民主成就像小孩獲得新玩具一般：廢寢忘食的迷上它，已到上癮而不可自拔地程度。過度的政治化，撕裂了社會，醜化了人性，淹沒了生活品值。

台灣政治或許令人失望，但是台灣社會潛力豐富，值得發現和發揚。後者是此書最起碼的貢獻，它尚有多種趣味有待讀者去品嚐。

祝福讀者從此書獲得一個愉快的心情假期。

淡江大學國際事務與戰略研究所教授

目錄 Contents

Chapter1 美味私房菜

養生私房菜

目錄 Contents

Chapter3 元氣私房菜

P r e a c e

捕捉剎那的永恆

　　喜歡做菜的人必然心地柔軟而且重感情，一定很愛家人、好交朋友，因為烹飪無論從採買、切洗到烹調，都需要很大的耐心和時間，沒有愛心做為後盾，怎能端出色香味的佳餚？當好菜得到家人、友人讚許，並且盤底朝天時，所有辛苦與汗水都會化為甜美果實。就像藝術創作一般，如果沒有投入深厚情感，相信作品很難獲得他人發自內心的深層共鳴。撰寫《私房料理──跟著名人學做菜》這本書，深入採訪這二十餘位家中大廚師的內心世界和其廚藝後，我捕捉到那份世間難得的幸福，在我心中那已是永恆。

　　我會寫這本書要從我的成長背景說起。我的父親是商船船員，長年在海上討生活，母親為終年辛勤的家庭主婦，一手拉拔七個孩子長大。我在家裡排行老三，上有兩個姊姊、下有兩個妹妹、兩個弟弟，生長在物資貧困的年代，父親雖然錢賺得不少，但家中食指浩繁，媽媽必須精打細算過日子，每天的買菜錢很有限，不過在她「點石成金」的魔力下，餐桌上的菜飯一樣非常可口，甚至隔天的剩菜、剩飯經她巧手百變後，立即改頭換面，也讓我們幾個小蘿蔔頭吃得津津有味。當然，最開心的還是父親到船回家期間，因為家裡每天都會有好菜，我們跟著沾光。

　　母親的拿手上海菜包括排骨菜飯、醃篤鮮、油燜筍、蔥烤鯽魚、雪菜黃魚、搶蟹等等，台北幾家知名的上海菜餐廳，幾樣招牌

菜在口感上就是和母親做的差了一截,難怪每次帶她上館子吃飯,她鮮少感到滿意。

最令人佩服的是她的速戰速決,由於性子急,加上帶七個孩子的關係,她做事很有效率,所以只要一、兩個小時就能整治一桌的好菜,以前父親常會突然帶客人到家裡吃飯,母親總有辦法從冰箱中找出許多食材,三、兩下就輕鬆搞定。我常想,廚房是她的魔術箱,鍋鏟是她的魔術棒,能夠呼風喚雨,所以她不希望別人在廚房礙手礙腳的,我就常被她趕出廚房。正因如此,我家雖有個廚藝媲美傅培梅的大廚師,至今我做菜的速度仍慢,而且總是說的比做的多,許多朋友都取笑我「說得一口好菜」,我最好的藉口是「媽媽能幹,女兒笨拙」,因為有能幹媽媽包辦一切,做女兒的哪有插手的機會?當然這只是托詞,我的兩個姐姐、我的四妹都對於烹飪很有一套,尤其四妹深得母親真傳,不但菜燒得好,動作又快。我們姊妹常說,母親為我們打下無形的基礎,這方面應該很有潛力。

由於媽媽的關係,對於精於廚藝者,我都打心裡敬佩,而且很有親切感。

在外勤採訪崗位至今已超過二十個年頭,因為工作關係,認識了許多各領域的精英或是協助另一半功成名就的推手,他們之間有不少的共通點,都是做菜高手,他們不只是美食的製造者,而且照顧好全家人的健康,最讓我感動的是這份心意,為家人付出的愛,是何等動人的力量!

我在記錄他們的故事時,除了為其廚藝喝采,更見證了他們以愛為中心的生活態度和健康觀念,他們端出的一道道可口佳餚,就像是「愛的宣言」,對家人表達的真摯感情,即使有的愛侶後來感情出現了裂痕,但我在採訪的當時,對於「剎那即永恆」有深刻體會。

遇見可愛率真的人與美食

以丁守中來説,他是我見過最正派的政治人物之一,他的言行之間流露著温文儒雅的君子氣質,丁守中應該是從小到大都循規蹈矩的乖乖牌,難怪他在政治的大染缸這麼久,他的改變不大,一路走來以他的專業和誠信樹立了良好口碑,廣受大眾的肯定。他的妻子温子苓也很特殊,是前聯勤總司令温哈熊的女兒,學音樂的她在大學音樂系任教,雖是名門閨秀,卻毫無嬌氣或驕氣,總是笑口常開,個性非常樂觀和善,令人如沐春風,我常想,這麼有內涵又温柔的女人才是真正耐看的美女,雖然子苓結婚至今身材胖了許多,然而細緻的五官、開朗的笑容不變,她永遠是家中的重心,她讓我聯想到文壇最有人緣的林海音,才情過人,且熱情好客、精於廚藝,所以家中經常高朋滿座。

　　丁守中、温子苓夫婦都很會做菜，丁守中以中菜見長，温子苓是西點高手，兩人搭配得這麼好，最幸福的是他們的孩子和朋友。由於家教好，他們的兩個兒子都彬彬有禮，大兒子曾經在天母游泳池救人時腳被捲入排水口受傷，之後業者賠了百萬元補償金，丁守中的兒子悉數捐了出來，這麼可愛的一家人，相信必有很深的福報。

　　曾任國安會諮詢委員、陸委會副主委和國防部副部長等國家重要職務，林中斌卻不失浪漫和率真，他的多才多藝在政壇並不多見，除了在軍事戰略、兩岸和外交領域上有深入研究，還開過攝影個展，寫過藝評，對於音樂、繪畫、電影、宗教、中醫和氣功都有很深的涉獵，是個奇人。他不以身分地位或利害關係交朋友，待人相當熱情，我去他新店山上的家採訪時，當我在大廈前東張西望找門牌時，就聽見他在十三樓的陽台大喊我的名字，聲音之洪亮大概整個社區都聽得到。

　　另一位很可愛的奇人應該是大提琴家張正傑，他不僅有藝術家的浪漫，也有成功者的執著，而且全身充滿了動感，不論說話、拉琴都很有活力，待人真誠又懂得幽默。去他敦化南路的家採訪時，看他做菜時要求每個細節都完美無缺，精緻的餐具是他在奧地利留學時買的，我覺得如置身在歐洲高檔餐廳，他煮義大利麵快起鍋時，會撈一根麵條拋向天花板測試是否黏得住，由此動作就可了解張正傑對美好事物的堅持程度，這種生活態度是值得尊敬的。

是推手，也是烹調高手

　　因為採訪關係，認識許多政府要員和他們的牽手，她們扮演「成功男人背後那個女人」的角色，不僅全心協助先生發展事業，攀向人生的頂峰，也都是做菜高手，以美食掌控了先生的胃，她們的成就往往比另一半更為耀眼。

　　司法院長翁岳生的太太莊淑楨、親民黨主席宋楚瑜夫人陳萬水、前行政院長蕭萬長夫人朱俶賢、前考試院長許水德妻子楊素華、前監察院長錢復夫人田玲玲、前外交部長簡又新太太王圭容、以及公平會主委黃宗樂牽手王阿蘭等人，都是各具特色的官夫人，她們為先生和子女全心付出，是家庭的重心。

　　我常想著一個問題，一般人只看到官夫人亮麗的外表、優渥的生活，而忽略了她們的本領，因為如果沒有她們，這些大官會在工作上有傑出表現嗎？說不定全部亂了套，連生活都會成問題，因為有賢內助照應生活起居，沒有後顧之憂，通常大官們心中除了工作還是工作，連生活的能力都有問題，甚至每天起床要穿哪件衣服、戴哪條領帶，配哪雙襪子都由太座打理好，早餐、維他命還有公事包也自然準備妥當，太太要身兼夫人、秘書、管家、廚師和護士的角色，有時還得充當參謀、心理醫師或者司機，沒有三頭六臂，很難做個稱職的官太太。

　　以翁岳生來說，他三餐都由太座打理，每天吃完早餐，都帶個

便當到辦公室，中午就吃太太為他做的三明治，數十年來如一日。一定有人納悶，翁岳生吃得這麼簡單，難道不膩？我想，翁岳生非常有智慧，每天中午吃個簡單的三明治，既可省下時間午休片刻，又可排拒一些應酬，最重要的是簡易營養的飲食是保持健康和身材的最好方式，而且那是太太做的愛心便當，比什麼山珍海味都可口。

在採訪翁夫人的過程中，印象很深刻是她做的蔥燒鴨真的好好吃，而且她非常和善，為了我們的採訪，不僅先做好一隻蔥燒鴨讓攝影師拍照，還準備一隻當場示範製作過程。這道功夫菜要費時兩個多小時，但做出來的菜保證令人驚艷，難怪她說，翁岳生的德國友人每回到台灣，都會指名要吃翁太太的蔥燒鴨。

田玲玲是非常出色的外交官夫人，無論外表、氣質、修養都無懈可擊，最難能可貴的是她待人接物的周到、細心，像盞溫柔的燈，照亮了四周卻毫不刺眼。每次宴客菜單她都留著，並且記錄用餐情形，包括哪道菜特別受歡迎，哪道菜哪些人不吃，以及客人間的互動情形，下次如果再請其中的客人吃飯，她會拿出以前的菜單略為調整部分菜色與陪客名單。我常想，田玲玲如此

用心、體貼，難怪獲得這麼多掌聲。

人稱「楊老師」的許水德太太楊素華溫柔婉約、待人親切，說話總是輕聲細語而且舌燦蓮花，她是很受歡迎的官夫人。和楊老師認識很多年，一直認為，許水德能夠娶到像楊老師這麼賢淑又美麗的妻子真是福氣啦！有此賢內助，對他不知加了多少分；而楊素華的爸爸校長當年也慧眼識英雄，身為校長的他把女兒許給窮教員許水德，確實很有眼光。楊素華不僅是好太太，也是好媽媽、好婆婆，媳婦是主播蕭裔芬，楊老師從不給她生小孩的壓力，總是把好吃的東西往兒子家裡送。

「微笑老蕭」前行政院長蕭萬長太太朱俶賢做事乾脆俐落，她做菜也展現此一風格，除了注重營養、可口，最重要的是必須簡易，所以她在廚房的時間不會太長，一樣把全家人的胃和健康照顧得妥妥當當。

王阿蘭是比較年輕的官夫人，政黨輪替後，黃宗樂接掌行政院公平交易委員會主任委員，在輔大任教的王阿蘭從未想過自己會成為官太太，對她來說，生活沒有多大改變，她依然快樂工作，照顧好家中每個成員。黃宗樂喜歡開玩笑，從不諱言曾經追求過副總統呂秀蓮，聰慧的王阿蘭聞言完全不以為意，反而直誇先生好眼光才

敢追當年的才女同學呂秀蓮。

　　國民黨不區立委、前陸委會主委蘇起的另一半陳月卿也是職業婦女，兼顧事業和家庭對她來說游刃有餘，因為她做事井然有序，又懂得時間管理，我不禁想起管理學強調「雙效合一」，兼具效能和效率才是管理學的最高指標。

　　前外交部長簡又新個性低調，簡又新夫人王圭容比較活潑，兩人性格頗能互補，夫妻鶼鰈情深。王圭容是理家高手，也是熱心的環保志工，印象最深刻的是他們家裡有好多各式提袋，王圭容把家中各式提袋整齊收在一起，以便隨時再利用。王圭容做的子排好吃又有賣相，但她並不常做這道菜，因為簡又新很少吃肉，家中主菜大都是魚，往往是在英國念書的小兒子回台度假時，王圭容才會表演她這道招牌菜。

　　現代婦女常以沒有興趣、不會做菜或工作忙碌而拒絕下廚，其實，這些都不能成為理由，親民黨主席宋楚瑜夫人陳萬水的故事說明了一切事在人為。萬水姊姊當年和宋楚瑜結婚後一直在外工作，她研發了許多快速料理餐，不少菜預先洗切完成，蒸煮往往同時進行，下班後通常一小時即可端出四菜一湯宣布開飯了。

　　萬水姊姊的節奏很快，說話快，做菜快，她為本書下廚做菜時，因考量家住桃園較遠而選在好友何念慈的家中，當天台灣半導體教父張忠謀太太張淑芬也來了，三位好友經常聚首，大家分享美

食，開心地閒聊，實為人生一大樂事。

可以強悍，可以溫柔

　　另外，立法委員李慶安、郭素春，在國會殿堂雖然都表現得很強悍，私底下卻都是很會做菜的溫柔女性，令人刮目相看，政治人物的另一面通常更有可看性。

　　美麗的女強人何麗玲也是如此，無論投資房地產、股市、美容醫療都做得有聲有色，接掌春天酒店後，更搖身一變成為搶眼的專業經理人，何麗玲很清楚自己的優勢和專長，並能廣結善緣、活用人脈，她在商場上無往不利絕對不是僥倖。最難得的是她做菜的天分，上海菜、廣東菜、台灣菜她都有本事辦桌，她做的甜點一樣具專業水準。我去她那皇宮般豪華的家採訪時，何麗玲不只做了氣派又可口的龍蝦沙拉，還端出她做的不同口味的提拉米蘇，每種都好吃到讓人一口接一口，很有生意頭腦的她認為，如果開家提拉米蘇專賣店，一定可以賺錢。她就有這種能耐，把興趣和生意做巧妙結合，老天似乎特別眷顧她，不僅有美麗容顏，又是理財和做菜高手。

　　書中另一類人物是商場老將，包括三勝製帽董事長戴勝通、La-New 老牛皮企業董事長劉保佑，他們的共通點是事業版圖都相當遼闊，都相當照顧員工，也都對做菜很有心得，假日時他們會和太太一起上菜市場買菜，是標準好男人。戴勝通喜歡滷一鍋肉，把全家餵得飽飽的；劉保佑偏愛買魚，買到魚販都認識他並會為他保留品質好的魚。La-new 是少數由公司提供午餐的企業，午餐是每位員工輪流做，劉保佑號召並且帶頭做午餐給員工吃，大家都對老闆的好手藝讚不絕口。

　　開平中學餐飲科學生經常在世界級的比賽中名列前茅，打響了學校的名號，開平中學前校長夏惠汶辦餐飲學校，應該在烹飪方面有兩把刷子才對。果然，夏惠汶是個美食主義者，也是實踐主義者，他利用學校中餐科的廚房秀了兩道家常菜，校長出馬做菜，架勢確實不凡，戴起大廚師的白色高帽，中餐科師生像是他的二廚，為他處理洗菜、切菜等工作，他們也是第一次看到校長做菜，興奮之情並不亞於我。

　　氣象局前預報中心主任陳來發是我跑氣象路線時的採訪對象，阿發主任的專業和經驗都夠，對氣象工作有股狂熱，多年來的颱風夜都睡在氣象局，有次家裡淹水，老婆大人電話裡的哭泣，他很為難要不要趕回家，最後仍然留在氣象局和同仁一起打拚，對此，阿發覺得對太座很愧疚，預報中心主任做了十年後，他決定退休，多陪陪家人。通常夫妻都喜歡下廚者，婚姻幸福指數偏高，陳來發的

家庭生活很令人稱羨。

詩人張香華、民俗作家邱秀堂有許多共通點，兩人都是美女，氣質也很出眾，彼此也是多年的好友，經常一起聚餐。

張香華嫁給人權大老柏楊後就住在新店花園新城，夫妻倆過著寧靜閒適的生活，並且仍然不停地創作。山中歲月無甲子，時間似乎在他們身上走得很慢，那種氛圍很接近桃花源的理想境界。

邱秀堂在台北市忠孝東路二一六巷的住家，不僅鬧中取靜、交通便利，家裡還有超優的空中花園，再加上她天天開伙，許多朋友經常成為不速之客往邱秀堂家跑，因為即使家裡冰箱沒什麼東西可招待，邱秀堂做個簡單炒飯都能讓人食指大動。邱秀堂有著真性情，待人總是掏心掏肺，朋友也都好愛她。

綜藝界資深藝人倪敏然自縊身亡，戲劇性地結束一生，成為2005年演藝界的大新聞，整整半個月，倪敏然天天是媒體的重點新聞，他和夏褘的婚外情也被媒體炒作得像是八卦連續劇。非常巧合的是書中採訪的兩位演藝界人士正好是倪敏然和夏褘，這是倪敏然首次與人分享他的做菜心得，可惜他已看不到此書付梓了。

兩年多前，到倪敏然北投家中採訪，他和太太李麗華穿著情侶裝迎接我們的到訪，夫妻感情

如膠似漆，兩個子女都乖巧可愛，家中有淡淡的温泉硫磺味，好幸福，我在想，住在這裡天天都有度假的感覺。倪敏然有句話讓我非常感動，他工作再晚，也不在工作地點吃個便當果腹，都是搭捷運回北投家才吃東西，這意味著他在工作時必定全心投入，非常專注；收工後他回家吃飯，因為家中有愛他的妻兒等著他。

倪敏然是個非常有深度的藝人，他會深刻剖析種種問題，也有源源不絕的創意和靈感，他一直在進步，對自我和旁人要求都很高，凡事講求完美，有時難免與四周環境格格不入。他常對人說，在藝人嘻嘻哈哈的外表下，往往有不為人知的辛酸和苦楚，倪敏然其實相當自苦，搞笑只是他的表演形式而已。當天，倪哥開心地做他拿手的義大利海鮮麵，麗華在一旁幫忙，夫妻倆擠在廚房的畫面深深印在我的腦海中，當下的那刻，他們的恩愛自然不做作，非常動人，攝影師捕捉到珍貴鏡頭現在已成絕響。我想即使後來倪哥感情出軌，他依然深愛著太太李麗華。重感情的他在兩個女人之間難以割捨，反而成了他的致命傷。

倪哥做菜也秉持他一慣追求完美的風格，每項細節包括用哪種牌子的醬料，他都有自我的堅持。他比較強調做菜的藝術性，講究火候，差一點都不行。他在其他方面何嘗不是如此，差一點都不行，倪敏然的完美主義帶點悲劇英雄的味道，有時難免會鑽牛角尖，甚至會愈陷愈深而難以自拔。另一值得一提的是他做的義大利海鮮麵料多味美，比高級餐廳做的還讚，之後，我在家裡照著他的

食譜做了幾次,都非常成功。

當時他還建議我們採訪夏禕,那時候他和夏禕並不很熟,不過兩人都很欣賞對方的才華。

採訪夏禕印象比較深刻的是她個子很小,聲音卻清脆高亢,也很會説話,能把自己在各方面優點快速展現出來,眼波流轉處嫵媚中透著自信和強勢,我想她如果當個推銷員,成績一定斐然,在演藝圈想要出人頭地,應該也須具備這項特質。夏禕提到,台灣的醋不夠香,她都託人從大陸帶正宗鎮江醋來台灣入菜,在北平長大的她很喜歡吃水餃,她強力推薦胡蘿蔔和絞肉餡的餃子,既營養又好吃,她的女兒就非常歡吃她做的水餃,言談中可以感受到她是個把女兒擺在第一的好母親。

此書的完成要再次感謝書中每位受訪人物,他們不僅廚藝高超,在專業表現和待人處世方面都有值得我學習的地方。其次要感謝葉子出版社孟樊總編輯和主編鄭淑娟小姐的協助,此書才得以順利出版。我的家人、《民生報》長官和幾位一路相挺的好友,大恩不言謝,你們的恩情是我最大的支柱和動能。

2005 年仲夏

美味私房菜

下得廚房的
新好男人
丁守中。

到丁守中家做客，是很大的享受

立法委員丁守中夫婦都是「美食製造者」，且好客熱情，到他們家一定有好菜可吃，最吸引人的還是丁家歡樂的氣氛。

這可能和丁守中、溫子苓成長背景有關，他們各自在愛的環境中長大，也都有廚藝高超的母親，耳濡目染下，兩人傳承了媽媽的好手藝，也樂於下廚。

丁守中還在念小學時，就時常跟著媽媽進廚房，媽媽一邊煮菜，一邊和乖巧的小兒子天南地北地閒聊；丁守中在一旁向她報告學校發生的大小事情，母子倆其樂融融。

當時，在丁守中的眼中，媽媽簡直是個天才，進廚房不一會兒就能做出許多可口的好菜，動作迅速而且輕鬆愉快。丁守中小小的心靈受到相當大的啟發，原來做菜可以這麼愉快，又這麼有效率。

因為經常看媽媽做菜，丁守中也對各類菜餚的料理都不陌生，聰明又細心的他已經默默記住了一些簡單要領，只是那時候他沒有想到，這些心得會在日後替他抱回烹飪比賽的冠軍。

丁守中念初中時，參加學校童子軍社團，有一回，童子軍社團舉辦烹飪比賽，丁守中被派去比賽，一個斯斯文文的小男生煎煮炒炸樣樣會，他輕鬆地把冠軍杯抱回家，讓父母又驚又喜。

「我會做菜除了要歸功我的母親，爸爸也很有貢獻。我們家有三個孩子，我是老么，上面有一個哥哥、一個姐姐。記得小時候，每到假日，父親就會帶著大家去吃小館子、看電影，這是全家最常

從事的休閒活動。」丁守中表示，小館子吃多了，見多識廣自然會培養出對美食的鑑賞能力。他很感謝父母對他們的付出，因爲子女在爸媽關懷下成長，身心發展不容易偏頗。

留學圈子的丁炒手

丁守中始終是品學兼優的好學生，台大政治系畢業後，赴美深造，於佛萊契爾外交法律研究院攻讀國際政治學門，六年半後拿到博士學位。

留學期間，前幾年他鎮日埋首苦讀，三餐都在學校搭伙，當時全心放在學業上面，吃飯只是爲了塡飽肚子，完全不理會食物是否可口；直到他快取得博士學位的前一、兩年，由於課業比較少，丁守中才有時間張羅吃的，也因此爲他在留學生圈子贏得了「丁炒手」的封號。

「那時候，部分留學生已經結婚，有時候我們這些單身同學會被邀請去打打牙祭，經常受邀有點不好意思，偶爾我也會下廚做些好吃的菜回請別人，辦桌請客對我來說不是難事，有幾回，我燒了一桌子菜請許多人吃自助餐，結果廣受讚許，於是大家都稱我是丁炒手。」丁守中提起這段歷史，眼裡盡是光采。

丁守中到哪都受歡迎，和他爲人謙和、熱誠有絕對的關係。他在留學生圈子的好人緣，間接爲他牽出了一段好姻緣。

「毛治國是留學期間認識的好友，回台灣之後，他介紹我太太溫子苓和我認識，因爲毛太太的娘家就住在子苓娘家的對門。」丁守

中說，當時溫子苓也剛從美國留學回來，在東吳大學音樂系任教。

　　溫子苓的父親是赫赫有名的前聯勤總司令溫哈熊，溫哈熊對丁守中文質彬彬、溫柔敦厚的氣質相當欣賞，認為丁守中是位難得的好青年，成家後一定很顧家。

果然沒看錯人，丁守中一路走來，始終如一

　　溫哈熊果然沒看錯人，丁守中一路走來，始終如一，是個內外兼顧典型的「新好男人」。在外努力認真工作，交出了漂亮的成績單；在家時，丁守中經常幫忙做家事，偶爾下廚露一手絕技，做些叫好又叫座的菜。丁守中不僅廚藝佳，也精於園藝，家裡陽台上的花花草草在他悉心照顧下，開得繽紛燦爛。

　　「嫁給守中時，不知道他會做菜，而且做得很有專業水準，他做什麼事都會力求完美，可能和他處女座的個性有關。」溫子苓說。

　　丁守中和溫子苓是相當完美的組合，丁守中擅長做中國菜，溫子苓則精於西餐和糕點的製作，兩人各有勝場，也樂於從事經驗交流，久而久之，夫妻倆都變成了中西料理的高手。只是丁守中工作過於忙碌，如今下廚的工作多半交給太座負責。丁守中笑說，他已把絕活都傳授給太太了。

　　原在台大政治系任教的丁守中，因緣際會下步入政壇，當了四屆立委，他專業、親和、正派的形象，為立法院帶來一股清流，是公認「值得信賴的好立委」，然而參選連任第五屆立委時竟意外落選，對於選舉結果丁守中不怨天尤人，接受國民黨中央安排出任台北市黨部主任委員，一樣積極任事。值得開心的是，去年立委選舉，他再度高票當選，進入立法院。

　　擔任立委期間，丁守中努力推動廚師證照制度，他不僅大聲疾呼，還身體力行，親自報考廚師證照。當天因為媒體爭相採訪，丁守中考試進行中間，還不時得出來接受採訪，所以沒有通過考試；對此，他並不遺憾，丁守中說「他沒考上廚師證照，可見考試是公平的。」

　　有沒有廚師證照不重要，在家人、友人的心目中，丁守中比專業廚師還棒。

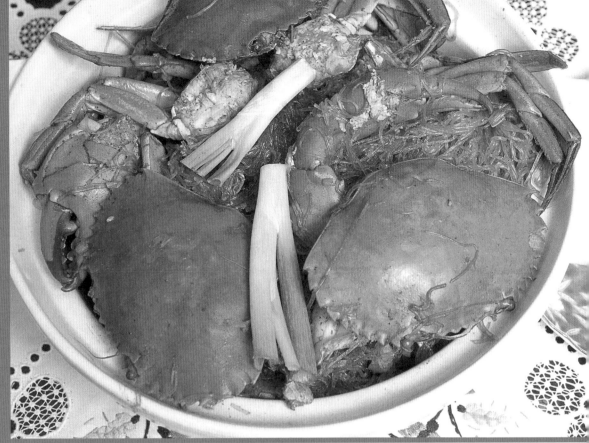

咖哩蟹肉粉絲煲

｡材｡料

粉絲 6 把
螃蟹 3 隻
蔥 1 兩
薑 1 兩
蒜 1 兩

｡調｡味｡料｡

油 3 大匙
米酒少許
醬油 1 大匙
咖哩粉 2 大匙
熱水半碗

｡做｡法｡

1. 粉絲以溫水泡軟備用。
2. 螃蟹切開，蟹腳以刀背拍打，使其能能夠入味，食用時也容易剝殼。
3. 油 3 大匙爆香蔥、薑、蒜，再把做法 2 的螃蟹放入鍋中快炒，淋上米酒後，蓋上鍋蓋燜兩、三分鐘。
4. 放入醬油、咖哩粉和熱水半碗至做法 3 的熱鍋中，再將做法 1 的粉絲入鍋，蓋上鍋蓋燜兩、三分鐘後，爐火轉至中火。
5. 起鍋後，將粉絲放至砂鍋內，螃蟹鋪排在粉絲上面，再放兩根切好的大蔥搭配。

｡貼｡心｡小｡叮｡嚀｡

★想要吃比較入味的蟹肉煲，可以多燜一會兒；喜歡吃嫩一點的蟹肉，燜的時間就不宜太久。

唯有清淡滋味長
王阿蘭。

父親扁擔上的三層肉，是永遠回憶

　　行政院公平交易委員會主任委員黃宗樂自幼在貧困的鄉下長大，小時候最快樂的事是看見父親從田裡耕作回家時，他的扁擔挑著一串「三層肉」。

　　看著爸爸扁擔上的肉，黃宗樂不自覺地眼睛發亮，嘴角也微微上揚，念及能吃到幾片三層肉，他就雀躍、開心不已。那個艱苦的年代，平時餐桌上根本不見肉和魚的影子，只有家裡加菜時才會吃到肉，而通常是生病時才會喝到虱目魚湯。

　　三層肉、苦瓜、虱目魚、蕃薯葉、蕃薯飯……已成為黃宗樂童年歲月中最幸福的篇章，即使過了半個世紀，這些仍然是他百吃不膩的佳餚。

　　現在的黃宗樂，經常需要在外應酬，但五星級餐廳的高檔食材總是不能真正對胃，他的最愛依舊是小時候吃的家常菜。

　　黃宗樂妻子王阿蘭認為，愛就是煮先生喜歡吃的飯菜，所以她對台式菜色著墨最多。「媽媽和婆婆是我的好老師，她們教了我許多做菜方法和訣竅。」

　　王阿蘭自認是個好命的太太，因為黃宗樂要得不多，只要餐桌上擺幾道黃宗樂兒時常吃的台菜，他就會眉開眼笑、胃口大開。

　　「從先生的飲食習慣可以看出，他是個念舊而且惜福的人。」王阿蘭說，黃宗樂非常好「養」，有什麼吃什麼，從不挑剔。黃宗樂不會要求太太做菜要達到什麼水準，有沒有媽媽的味道不重要，簡單

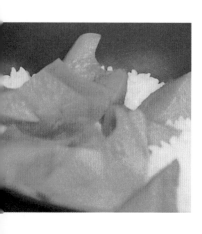

水煮三層肉

◦ 材 ◦ 料

三層肉1斤左右

◦ 沾 ◦ 醬 ◦

蒜頭 2～5 顆（切粒）
醬油膏2大匙

◦ 做 ◦ 法 ◦

1. 鍋中的水煮至沸騰後，將三層肉放入，煮約
   15～20分鐘。
2. 待做法1的肉煮熟後，撈起，放涼再切片。
3. 依個人喜好，酌量沾取蒜頭和醬油膏混合拌勻
   的醬汁。

◦ 貼 ◦ 心 ◦ 小 ◦ 叮 ◦ 嚀 ◦

★煮肉時可把肉放在蘿蔔湯或玉米湯中一起煮，肉
　熟撈起，湯也會鮮美可口。煮肉時間要掌控，寧
　嫩勿老。另外，肉要新鮮，才有原味的甜美。

而且營養夠就好。

用莊稼漢的心愛土地，所以清光剩菜

個性簡樸的黃宗樂最不喜歡浪費食物，所以平時家中每餐頂多只有四、五幾道菜；每到周末假日，就是清剩菜的時間。黃宗樂會請太太把冰箱的剩菜進行「一清專案」，剩菜加熱後就是當天的菜餚，黃宗樂覺得把冰箱剩菜「清」掉，才不會有罪惡感，另一方面也讓太太在假期中好好休息，不必為張羅吃的而忙碌。

黃宗樂在求學過程中，每到假期，就會回家幫忙種田，插秧、除草、收割等活兒他都做得毫不含糊，像是標準的莊稼漢。由於有這層關係，黃宗樂和土地有濃郁的情感，對於唐詩中的句子「誰知盤中飧，粒粒皆辛苦」也有深刻的共鳴。

所以，黃宗樂有個習慣，碗裡的飯粒一定吃得乾乾淨淨，絕不糟蹋糧食，冰箱的剩菜只要不超過一個星期，就非得「清」到肚子才行。

王阿蘭表示，黃宗樂八歲才念小學，足足比同學晚了兩年，他的父母原本一直沒想到要把宗樂送去念書，但當宗樂的大哥決定輟學幫忙家中務農時，不識字的黃爸爸、黃媽媽認為，家裡總要有人看得懂租單，所以決定送次子宗樂入學，黃宗樂這段背景和陳水扁總統的經驗相當類似，阿扁總統小時候是由家中牆上寫的欠債金額開始認識阿拉伯數字。

黃宗樂並未讓父母失望，年幼時不僅書念得呱呱叫，待人接物

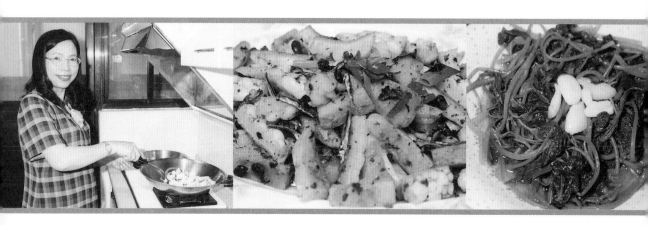

清蒸虱目魚

○ 材 ○ 料

虱目魚1條（重約 1
斤）

○ 調 ○ 味 ○ 料 ○

米酒少許
薑 10 片
豆豉 2 小匙
醬油（或魚露）少許
蔥 2 支
辣椒 1 條

○ 做 ○ 法 ○

1. 用刀在魚身上橫向切幾條刀痕，以便醃魚時比
   較入味，魚也較易蒸熟。
2. 在做法 1 的魚身上抹上米酒，並將薑切絲和豆
   豉鋪上，並淋上少許醬油。
3. 將做法 2 的魚放置在盤內隔水蒸煮，時間約
   15 ～ 20 分鐘（視魚的大小而調整）。
4. 待做法 3 的魚熟後，將蔥和辣椒切成細絲鋪在
   魚身上。
5. 以熱油淋在魚身上即可。

○ 貼 ○ 心 ○ 小 ○ 叮 ○ 嚀 ○

★ 蒸魚務必選用新鮮的魚，且須掌控好時間，避免
   蒸得過久而使魚肉變老，且要在水煮開了再放魚
   下去蒸；如需放鹽（或魚露），也不可先用鹽醃
   魚，以免魚硬而不滑嫩，口味清淡者可以不加醬
   油。

唯有清淡滋味長
王阿蘭。。

也讓鄉里讚不絕口。成長過程中，黃宗樂非常爭氣，台大法律系畢業後，負笈東瀛，取得法學博士後回國在大學任教，新政府成立後被陳水扁總統延攬入閣，擔任公平會主任委員。

尋找生活與食物的清香甜美

黃宗樂當年曾追求副總統呂秀蓮，友人至今還常拿這段歷史開他的玩笑，王阿蘭對此一點也不介意，她說，這代表黃宗樂很有眼光，因為呂秀蓮是位才華洋溢的女子。

「他和我結婚時已經三十多歲，以前交過幾個女朋友很正常嘛。」王阿蘭表示，她是經人介紹認識黃宗樂，黃宗樂寫給她的第一封信就深深打動了她，因為信中內容把他成長背景、未來抱負交代得一清二楚，表現出高度誠意。王阿蘭心想，這麼好的男生一定要好好把握。

王阿蘭始終以先生為榮，也很慶幸自己嫁了好丈夫，她也努力扮演好賢妻良母的角色。儘管先生屬於「好養一族」，王阿蘭在廚藝的精進方面毫不懈怠，對於台式料理花了許多功夫深入研究，並由實作中不斷精益求精，累積數十年的經驗，王阿蘭已很有心得。

一直在輔大任教的王阿蘭由於本身是位職業婦女，所以很注重時間管理，平時做的家常菜簡單又營養，不論家庭和事業她都兼顧得很好。

「台式料理講求淡而有味，少油、少鹽、少糖，但仍能表現菜色的鮮美，並且吃出健康。」王阿蘭說，以蕃薯葉來說，燙得要比炒得好，燙青菜拌點熱油和炒過的大蒜就非常可口。筍片湯也是如此，一般人煮筍片湯時喜歡加些排骨肉，肉的味道會蓋過筍片，她從媽媽那裡學來的做法是以清水煮筍片，不放其他作料，結果煮出的筍片湯更能表現筍的清香和甜味，清淡與美味兼顧，喝多少都不會覺得膩。

人生和烹調一樣，唯有清淡，境界才得以提升。

「倪家小館」
成絕響

倪敏然。

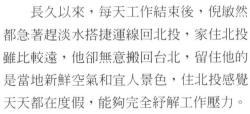

男主人掌廚，此情可待成追憶

　　甫過世的喜劇泰斗倪敏然，是國內少數的全方位藝人。在生命面臨重要關卡時，他選擇自人生舞台謝幕，令人不勝唏噓。

　　倪敏然兩年多前曾開心受訪討論做菜，並在妻子協助下大顯身手，表演他的招牌菜——義式風味海鮮麵，夫妻當時恩愛地穿著情人裝，兩人親密互動令人羨慕。然而世事難料，此情可待成追憶，只是當時已枉然！

　　倪敏然的人生哲學是做什麼都講求質感，盡力做到最好，連做菜也追求完美。倪敏然、李麗華夫婦對下廚都有濃厚興趣，相互激盪、切磋了十幾年，功力不斷精進，「倪家小館」的好菜早已有口皆碑。

　　長久以來，每天工作結束後，倪敏然都急著趕淡水搭捷運線回北投，家住北投雖比較遠，他卻無意搬回台北，留住他的是當地新鮮空氣和宜人景色，住北投感覺天天都在度假，能夠完全紓解工作壓力。

　　倪敏然有個習慣，不論忙到多晚，總是回到家才吃東西，因為工作時他全心投入，往往不知道什麼是餓，「我工作起來就像起乩一樣，除了工作本身，其他的感覺都變得很遲鈍。最重要的是我不喜歡吃便當。」

　　李麗華是倪敏然的好幫手，悉心照顧兩個孩子之外，家裡打理得整潔溫馨。倪敏然不接通告時，經常在家展露廚藝，他和太太輪流做飯，彼此欣賞和學習。

　　「有個很會做菜的先生，生活非常幸福，有時也是種壓力。」李麗華說，倪敏然對食物的要求很高，每一餐吃的不能相同，舉例說，中午吃的菜如果沒吃完，晚上他不會吃中午的剩菜。因此，他們現在煮菜的份量一定算得剛剛好，寧可稍微不夠也不可過多。

一個冰箱放食材，一個冰箱放醬料

　　倪敏然夫婦精於廚藝，除了遺傳的因素外，另一方面是興趣使

然，「我們兩家的媽媽都很會燒菜，小時候多少學了一些，我是浙江人，李麗華父親是湖南人，母親是本省人，我們結婚後，等於兩江會合，菜色無形中增加許多。」倪敏然說。

　　確實，「倪家小館」最大特色是菜色多元，料好味美。中菜、西餐、日本料理、西式糕點，連蚵仔煎都自己做。倪哥表示，他們不喜歡在外面吃飯，總是儘可能買材料回家料理。倪嫂也說，自己煮最大好處是買的素材鮮美，價格又公道。以一客上等的沙朗牛排來說，到西餐廳吃，至少要花好幾千元，自己買品質好的牛排做，不僅可省下許多錢，牛排的味道也不輸高檔西餐廳的頂級品。

　　倪敏然、李麗華在採買工作上作了巧妙分工，連家中的兩個冰箱也有專業分工。做菜的食材大都由李麗華負責選購，她知道哪家

菜販、肉販賣的東西最新鮮；倪敏然最喜歡買的是醬料，各式料理醬料都會讓他愛不釋手，看了就忍不住掏錢，由於倪敏然這方面的自制力很低，家裡堆滿了各式醬料，李麗華經常需要把過期的醬料挑出來丟棄，最後乾脆再買一個冰箱專門用來放置醬料。

好吃的菜，都有一套「毛細孔理論」

倪敏然認為，做菜人人都會，各有巧妙不同，這才是文化的一部分。他比較強調作菜的藝術性，講究火候，差一點都不行。

以義大利麵來說，好吃的義大利麵，煮開時每根麵都應該是獨立的個體，不是黏在一起，且要趁著麵的毛細孔張得最大的時候，

把所有醬汁拌入煮熟，這樣麵的口感和味道才能達到完美境界。

他表示，「毛細孔理論」是烹調美食的關鍵，不僅義大利麵如此，李麗華的拿手菜「白切雞」，就是掌握住「毛細孔」，火候才能控制得恰到好處。

「吃中國菜最過癮的地方在紐約，因為紐約地方夠大，人也多，消費力自然驚人，好的師傅都被吸收過去。台灣這個地方很特別，因為外省人把大江南北的吃食文化帶到此地，經過五十年的融合，形成豐富的吃食文化，這方面大陸、香港都比不上台灣。」倪敏然說，當年大陸撤退來台之時，山東青島有幾艘軍艦撤離，那些士兵把做麵食的手藝帶到台灣，水餃、鍋貼、包子、餡餅等麵食也逐漸被南方人接受，成為生活的一部分，這就是吃食文化的融合。

「倪家小館」成絕響

倪敏然。。。

義式風味海鮮麵

。材。料	。調。味。料。
洋蔥 3/4 個	橄欖油 2 大匙
番茄 2 個	白酒 2 大匙
蘑菇半斤	鹽 3 小匙
蒜頭 5～6 顆	動物性鮮奶油 2 大匙
煙燻鮭魚 2 片（鱈魚亦可）	番茄醬 2 大匙
培根 2 條	優酪乳 2 大匙
九層塔 2 兩	鮮乳 1 大匙
蛤蜊半斤	焗烤料理專用起司條 2 大匙
義大利麵（或通心粉）半包	胡椒粉少許

。做。法。

1. 洋蔥切丁、番茄切丁、蘑菇切片、蒜頭切片、煙燻鮭魚切長條、培根切細條、九層塔切細末、蛤蜊吐砂備用。

2. 熱鍋加入 2 大匙橄欖油，爆香蒜頭後即將蒜盛起。

3. 置入洋蔥至鍋中炒軟，加番茄、蘑菇、培根、白酒、鹽、動物性鮮奶油、番茄醬、優酪乳等煮開。

4. 另置半鍋水煮蛤蜊，待蛤蜊外殼打開後即盛入炒鍋中和做法 3 之食材拌炒。

5. 將切成細末的九層塔加入鍋中，與做法 4 材料混合拌炒。

6. 再另起一鍋水煮義大利麵，待水滾後加點水，需經 3～4 次加水程序。

7. 義大利麵煮到八分熟後撈起，放入鍋中和做法 5 之所有材料拌炒，並加入起司條、少許鮮乳煮熟。

8. 將做法 7 的義大利海鮮麵起鍋時，可撒上少許胡椒粉。

。貼。心。小。叮。嚀。

★ 水煮義大利麵時，須不時以長筷子攪動麵條，使每條麵皆能保持獨立狀態；另外，義大利麵預留兩分熟，即加入材料拌炒，麵條才能完全吸收醬汁。由於煮麵時間較長，須和炒煮食材同步進行。

★ 烹煮義大利海鮮麵時，切忌在炒鍋內放入冷水。

嘴刁手也巧
夏禕。

京劇女伶 V.S 台灣媳婦

從京劇到綜藝節目的演出，夏禕在舞台上收放自如的演出，很難不令人注意。資深藝人倪敏然過世後，他的事業夥伴夏禕也因為和倪哥的一段情而倍受指責，對此，她罵過，哭過，並且公開道歉，事情才逐漸平息下來。

感情的事其實第三人很難評斷，然巧合的是，夏禕和倪敏然一樣，都喜歡在家裡弄點好吃的。身處五光十色的演藝圈，並未改變她的生活態度。夏禕在這方面是很傳統的中國女性，洗手做羹湯是她家居生活最喜歡而且投入的事。

生長在戲劇世家，外婆是四大崑旦之一，父親是著名的琴師，母親則是尚派的第二代掌門人。夏禕在此環境下長大，自幼即對京戲相當熟稔，但原本不想學戲的她，直到十五歲時才對京戲著迷，決定跨入梨園。

十五歲開始學京戲，似乎為時已晚，因此，母親特別為她量身訂做一套嚴格的訓練課程，希望她能在短時間內學成。母親要求夏禕同時向北京六位名角拜師。夏禕每天只睡四個小時，清晨四點起床吊嗓子，再搭公車到六位老師住處學戲，從這站趕到下一站的途中，她會把下一站老師昨天交代的功課複習一遍，以免受到老師責罰。晚上回家之後，學戲的工作並未結束，媽媽要她跪在床上吊嗓子，並且一點一滴為她講授唱腔技巧。

夏禕非常好強，下決心做好一件事之後，即使再苦再累眉頭也

不會皺一下，更不要說是半途而廢。

　　為了學戲，她幾乎把命都豁了出去，醒來的時間都在練功、磨戲，這股癡迷勁是鞭策其不斷向前的動力，因此，短短一年半的時間，夏禕就學了一身絕活，比學戲多年的梨園弟子還要入行。果然，她在電視大獎賽中嶄露頭角。兩年後提名「梅花獎」，這個提名改變了她的人生。

　　夏禕提名「梅花獎」之後，通過甄選公派至法國巴黎擔任三年京劇教師，但隨後中國大陸和法國的外交關係一度陷於緊張，這項計畫也就改向，京劇教師任教地點由法國巴黎改為美國夏威夷，當時，夏禕還不到二十歲。或許是命運的安排，夏禕遠渡重洋赴美宣揚國粹，結果在當地找到另一半，來自台灣的商人，夏禕也就成為了台灣媳婦。

在麵食與水餃中發揮全部熱情

　　夏禕嫁到台灣以後，因觀念差異致使婚姻出了狀況，但在事業上「無心插柳柳成蔭」，作了全方位的發展。除了劇團任教、在家開班教授芭蕾和民族舞蹈課程，後來在偶然機緣下，並將觸角延伸到京劇本行外的電影和電視節目，她在電視綜藝節目中的「上海話教唱」單元叫好又叫座。

　　成為知名藝人後，儘管行程忙碌，夏禕從不應酬，收工就回家，不上課、沒有通告時總是待在家裡，做些好吃的東西，滿足家人的胃。

　　在北京長大的夏禕，平日主食是以麵食類為主，她一直很喜歡吃麵和餃子等道地北方食物，也是水餃、餡餅等麵食料理的箇中高手，從小即是母親的好幫手。

　　「我五、六歲時會摘菜，九歲開始煮飯，那時候必須燒煤球，很不容易，學了幾次才會。」夏禕說，濃厚興趣加上多年經驗，現在南北口味的菜都會做，也喜歡在菜色中做些變化。以包水餃來說，她會注意孩子平時不愛吃胡蘿蔔，所以刻意包胡蘿蔔和絞肉的水餃，轉變孩子對胡蘿蔔的排斥，結果這種水餃成為女兒的最愛。

　　提到水餃，夏禕的話閘子打開即滔滔不絕，她建議，夏天吃水餃，不妨選擇酸菜、絞肉、蝦仁和香菇做成料的餃子，因為吃起來爽口不油膩，非常開胃。另外，雪菜、絞肉做成的水餃也有異曲同

工之妙。

夏禕最自豪的是她擀的水餃皮又薄又Q，而且速度很快，外面賣的現成水餃皮實在差得太遠。

好心情與好胃口是烹飪最加調味

「台灣的胡蘿蔔和大陸比起來，好像多少有些土香味，最讓我不能接受的是台灣製造的鎮江醋，味道不能和大陸賣的鎮江醋比，所以我的朋友從大陸來台灣時，我都會請他們帶鎮江醋給我。」夏禕說，她從小嘴刁，再加上學戲的關係，她對食物的選擇非常謹慎，吃的東西絕不能影響健康，參加電視節目演出時，用餐時間她婉謝工作人員為她準備便當，只吃些餅乾，等收工後回家再吃飯。

夏禕表示，嫁到台灣之後，也學會許多好吃的台灣菜，回大陸時，還會燒給姐姐吃。「我的婆婆很會做菜，她做的絲瓜、樹子蒸魚都味道好極了。」

因為愛吃，就會想去做，夏禕說，好心情和好胃口是烹飪的最佳動能，有閒加上有心，做出來的東西一定好吃。

夏禕很愛孩子，但她形容自己是嚴格的媽媽，她永遠記得，當年學戲出錯時，老師一棒子打下來，因為怕挨打，所以一輩子都不會再犯同樣錯誤，嚴師才會出高徒。「以前我教學生跳舞，他們不認真學習，或表現不好，我就不下課。」夏禕說，教學不可太民主，她開班上課不是在哄孩子。對自己的女兒，夏禕更為嚴厲，從小不准她喝飲料，也不能偏食，學習更不能打折扣。

賽螃蟹

◦材◦料

蛋2個
熟鱈魚（或熟的雞
胸肉半斤）
香菜少許

◦調◦味◦料◦

鹽2小匙
鎮江醋2大匙

◦做◦法◦

1. 把蛋黃和蛋清分開，鱈魚（或雞肉）放入蛋清內拌勻。

2. 鍋子燒熱後，放2大匙油，以中火將做法1的鱈魚（或雞肉）放入鍋內炒，蛋清也全部倒入一併炒熟後，加入2小匙鹽至鍋中。

3. 起鍋後，把做法2的食材置入盤內，加上香菜，再將生蛋黃置於盤中央。

4. 食用時沾鎮江醋吃，味道有如螃蟹一般鮮美。

◦貼◦心◦小◦叮◦嚀◦

★魚或雞愈冰愈好，最好是家中吃剩下的剩菜，丟掉可惜，只要稍加變化，又變出一道可口的家常菜。

味蕾的
仲夏夜之夢
張正傑。

食遍人間煙火的音樂家

音樂家中，大提琴家張正傑很特殊，他相當「入世」，沒有一般藝術工作者「不食人間煙火」的特質，張正傑懂得生活，是個美食主義者，也是個經常下廚的好男人。在全心投入工作及享受許多美好事物的同時，他對生命有著深刻體悟，常在反省和思索如何突破自我，並且對社會作更多的付出。

喜歡張正傑的認為他很可愛，肯定他用活潑生動的方式把音樂詮釋得更貼近人們的生活；但也有人批評他作秀，愛出怪招來打知名度。以前張正傑很在意這些批判，不理解為什麼社會有這麼多的抹黑；現在他一派瀟灑，以更柔軟的彈性面對外界的褒貶，他體認到生命有太多的東西值得追求，若只是一味在意他人評價，只會坐困愁城。

「人生原本就是矛盾的綜合體，舉個簡單的例子，像我很喜歡美食，卻又不希望發胖，所以我會在不錯過好吃食物的同時，又設法找到適合自己的減重方法。」張正傑說。

張正傑做事很有決心，兩個月減重十幾公斤就是最好的例證。他自創一種「可以吃飽」的減重方法，即是不吃澱粉，改吃蒟蒻（因蒟蒻熱量很低，又可吃飽），油炸食物成為拒絕往來戶、炒的食材也盡量少碰。由於肉有飽足感，可適度攝取，但盡量以雞肉取代牛、羊、豬肉。因飲食必須過濾，他避免在外進食，無法避免在外吃便當或應酬時，他會捨米飯只吃菜餚。

義大利海鮮麵

◦材◦料

洋蔥半顆
茴香碎 2 大匙
九層塔切碎 2 大匙
海瓜子 1 斤
軟絲（透抽）1 隻
義大利麵 1 包（可在
超級市場購得）
草蝦仁半斤

◦調◦味◦料◦

橄欖油適量
白酒 120c.c.
香料（歐洲品牌
Esargon Dragoncell 超
市有售，若無亦可）
適量
鹽少許

◦做◦法◦

1. 洋蔥、茴香、九層塔切碎；海瓜子吐砂後備用；透抽切絲；草蝦去殼備用。

2. 起鍋放適當的橄欖油，炒香做法 1 的洋蔥後，放入蝦仁、海瓜子、透抽拌炒後，再放入白酒調味後繼續熬煮，最後加入做法 1 的茴香、九層塔，以及香料。

3. 另以一深鍋加適量水煮開後，放入義大利麵與少許的鹽煮熟。

4. 義大利麵撈起後以冷水沖一下，最後，再加入做法 2 的海鮮鍋內拌煮即可。

◦貼◦心◦小◦叮◦嚀◦

★ 煮義大利麵時，熟度與口感要恰到好處，最適合的軟硬度只有關鍵的 10 秒鐘，在此時撈起來才不致過軟或過硬。要測試麵的軟硬度，可將一條麵撈起來丟向天花板，如果黏住幾秒才掉下來，即表示麵到了最佳軟硬度。煮麵須和拌炒材料可同步進行，或先煮麵再另以一鍋炒其他材料，因為煮麵比拌炒的時間長。

運動是為了享用更多美食

飲食還要結合運動，張正傑在客廳放了台仰臥起坐機，每天強制自己做三十下仰臥起坐，或當天吃得較多，則再加上慢跑。「很多人都以忙碌這個爛理由作為不運動的藉口，運動好比刷牙，只要想想自己今天刷牙了沒有，就沒有不運動的道理。」

此外，他每天五次使用體脂器測量體重，並作成記錄，以隨時警惕自己。

控制飲食加上持續運動，兩個月甩掉十幾公斤的贅肉，張正傑原本圓滾滾的身材早已不見了，現成的褲子都大得不能再穿，他很高興能和十年前的褲子重逢。

音樂家大都有雙巧手，張正傑也不例外，右手拉琴，左手切菜，左右開弓，兩手一樣靈巧。

「我從小就有左撇子的傾向，如果能夠讓我自主，我會選擇左手，不過，在父母的糾正下，我才改以右手拉琴、寫字，爸媽不管我用哪手做菜、切菜，於是我就以左手切菜。」張正傑說。

張正傑五歲學鋼琴，七歲學大提琴，他做菜的歷史也可追溯到小學時期，從祖母教他炒蛋開始學起。

國中時，他負笈到奧地利學音樂，當時年紀還小，比較習慣吃中國菜，但當地的中國餐館菜又貴又不道地，只好自力救濟，發明些簡易的中國菜如把洋蔥、胡蘿蔔、馬鈴薯切碎和絞肉一起煮，來填飽肚子，並一解鄉愁。課餘之暇，中國同學常辦聚餐，張正傑總是被同學公推去做菜，幾年下來，下廚對他來說是輕而易舉之事。

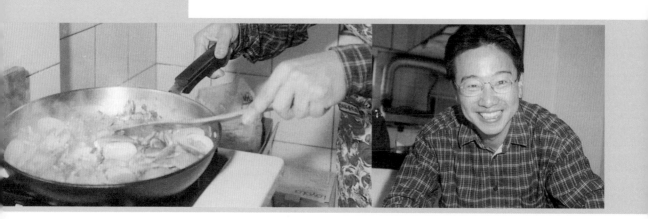

餛飩蝦仁

。材。料。

劍蝦 1 斤
蔥少許
蒜少許
餛飩皮半斤
昆布（日本北海道
羅臼昆布）1 張

。調。味。料。

鹽少許
香油少許
香檳酒（或白酒）
1 大匙

。做。法。

1. 先將劍蝦剝殼、抽泥、洗淨後瀝乾水分。
2. 將做法1的蝦仁用刀略剁，並將切成細末的蔥和蒜一起拌勻，加入少許鹽及香油。
3. 倒入香檳酒（或白酒）至做法 2 的蝦仁內，攪拌均勻，並放置約 15 分鐘。
4. 將做法 3 的蝦仁餡料包入餛飩皮內。
5. 將昆布加入適量水煮成湯汁備用。
6. 另煮一鍋水待沸騰後放進餛飩，煮熟撈起後，將餛飩分裝在碗內，每碗餛飩再加入少許昆布汁提味。

。貼。心。小。叮。嚀。

★香檳酒經過兩次發酵，有很多氣泡，對鬆弛蝦仁效果顯著，香檳酒為頂級，白酒次之，若無香檳則以白酒代替，甚至亦可改用米酒。
★頂級昆布熬成的汁和餛飩最速配。

張正傑。。。

他不僅對廚藝有興趣，也喜歡蒐集精美廚具。他記得第一次在國外領到獎學金時，就跑去買了一套名牌餐盤，這套餐具還跟著張正傑飄洋過海回到台灣，他經常以此餐具宴客。他強調，細緻有質感的餐具和美食有相輔相成的效果，一點也馬虎不得。

張正傑是絕對的完美主義者，做音樂、做菜都是如此。在廚房，他堅持用最好的刀切菜，許多朋友勸他不要使用太鋒利的刀，以免不慎受傷，但他認為，用愈好的刀才會愈謹慎。

替每道菜取一個浪漫的名字

他的做菜「撇步」是「愛心」、「創意」和「新鮮」。張正傑說，做所有事情，都應該充滿愛的感覺，因為凡事不發自內心，就不可能做得好。另外，做菜要講求創意，動動腦變些花樣，常有意想不到的效果。他並強調，做菜材料務必要新鮮，最好就地取材，才能把菜色質感做最好的發揮。

張正傑不但擅於烹調，也是菜色命名的高手，他會為每一道菜取一個浪漫又特殊的名字，例如，他常做的一道前菜是芒果（哈蜜瓜）和醃火腿肉，張正傑稱之為「仲夏夜之夢」。他常做的義大利海鮮麵，這道義大利南部的美食也有個很好聽的名字：「翡冷翠的回憶」。此外，張正傑做的美味雞湯，很費功夫，先以老母雞熬湯，雞肉取出只留湯，再以另一隻土雞入鍋和留下的雞湯熬煮，加入金華火腿和干貝，湯頭非常鮮美而不油膩，雞肉也不致老而無味，此湯名字也很有派頭，叫做「XO雞湯」。

張正傑經常成功開發新菜，並請三五好友到家裡「試吃」，每次都是賓主盡歡。張正傑做菜不太考慮成本，如果能為菜餚的美味或視覺效果加分，他會毫不猶豫選最好的食材。以「蝦仁餛飩」來說，只放鮮蝦不加肉，還以香檳酒醃蝦仁提味，如此大手筆只為了提升美味層級。

生命中充滿了音樂和美食，張正傑過得多彩多姿。過去十年，他不斷嘗試以新的創意詮釋音樂，使音樂表現出多元且令人親近的面貌，他並全力投入音樂教育的扎根工作；未來十年，張正傑將把工作重心調整為關懷弱勢族群身上，做個「音樂大使」，巡迴各個城鄉，把音樂的種子散播到每個角落。

做飯給員工吃的大老闆
劉保佑。

讓大家輪流下廚的 La-New 文化

La-New 在台灣是通用英文，連七、八十歲的阿公、阿嬤也能朗朗上口，知道 La-New 是舒適耐穿鞋子的代名詞。老牛皮公司董事長劉保佑已成功把保健概念和鞋子產業結合，改寫了台灣鞋業歷史。不僅如此，劉保佑還把健康管理的觀念帶進企業，他在公司推動的「大家輪流下廚」制度可說是轟動武林，員工最期待的是劉董下廚日，因為他煲的湯味美料好，好像在進補似的，真是福氣啦！

劉保佑在商場上叱吒風雲，三十一歲開始創業，二十二年來從玩具、文具、家電到鞋業，事業版圖不斷擴張，且交出亮麗的成績單。前幾年他做了人生一項大膽嘗試，認養了高雄棒球場，並接手金剛職棒改為 La-New 熊球隊，他把企業經營理念帶入球團，果然創造了大驚奇，熊隊戰績大幅進步，劉保佑也成為職棒迷的英雄人物。

私底下劉保佑相當低調，是個喜歡下廚的好男人，他的好廚藝，不僅深獲太太、孩子的肯定，員工也都豎起大拇指說讚。劉保佑三不五時會在公司做些拿手菜嘉惠員工，羨煞了園區內其他公司的上班族。

大約十年前，劉保佑創設 La-New 老牛皮公司時，即向員工宣布公司供應中餐和下午點心制度，但午餐是由大家輪流做主廚，他身先士卒，第一個跳出來為員工做飯，從此，老牛皮企業每天中午飄滿飯菜香，公司像是溫暖的大家庭。

「公司每個成員輪流當主廚制度本來只是試辦，萬一做不成就改成向外訂購便當；結果欲罷不能，而且規模不斷擴大。」劉保佑說，推動這個制度主要是鑑於早年他任職於一家外商公司時，每天都吃便當，長久下來，不但看到排骨、雞腿就怕，便當營養又不均衡，外食比較不衛生，都是他有心在公司辦伙食的原因。

至於大家輪流做午餐，起初劉保佑毫無把握，因為不是每個員工都會做菜，更何況還得做幾十個人吃的大鍋菜，這對鮮少下廚的人來說是沈重的負擔和壓力。不過，顯然是劉保佑多慮，此一制度不但一炮而紅，多年辦下來制度臻於成熟。

老牛皮公司現有約九十位員工加入公司伙食團，幾個月才會輪到一次當主廚，壓力不算太大。擔任主廚者前一天要提出菜單，由公司向代為訂購材料，主廚當天上午不必上班，就在廚房張羅午餐。每個主廚莫不全力以赴秀出拿手絕活，有人甚至請媽媽或其他外籍兵團前來幫忙，務必要端出好菜來贏得掌聲。對參加伙食團的員工來說，每天都可享受不同特色的佳餚，既有新鮮感，又能相互觀摩，也是一大快事。

煲湯高手，用誠懇抱得美人歸

劉保佑從小生長在一個大家庭，身為家中老么的他，幼年時常在廚房看嫂嫂做飯，不經意間對烹飪的步驟與要領有所領悟。在成長歷程中，因忙於學業、事業，劉保佑較少有空下廚，然而小時候在廚房耳濡目染打下的基礎仍在，加上劉保佑頗具天份，並對做各

式料理有濃厚興趣，因此即使不常出手，做出的菜色無論色香味都
在水準之上。

　　喜愛是學習的最佳動力，由於愛吃海鮮又愛喝湯，劉保佑對於
如何煲出好湯和料理海鮮很有興趣，經過長時間的研究與嘗試，他
已成了煲湯高手，從選材到料理都很有心得，基於「呷好道相報」
的心理，劉保佑不吝於將他烹飪的寶貴經驗與他人分享，常對員工
下指導棋。

　　劉保佑和妻子張錦珠是中興大學公共行政系的「班對」，秀外
慧中的張錦珠當年是系花，劉保佑能夠打敗勁敵贏得美人芳心，憑
藉的就是誠懇與實在，劉保佑非常珍惜這份情緣，婚後即加入「疼
某一族」。

　　每逢星期假日，劉保佑會陪太太上菜市場買菜，兩人說說笑
笑，好不恩愛。提菜籃、買海鮮的工作由劉保佑負責，他挑選海鮮
特別注重新鮮，而且精於此道，對於價格較高的高檔食材接受度也
高，所以台北市東門市場的魚販，都認得劉保佑這位懂得吃又有經
濟實力的好先生，有新鮮美味的好料還會特別為他保留。

不只是做鞋子，而是做出健康

　　劉保佑做什麼事情都非常投入，他的人生信念是「研究創新，
追求卓越」，這可從他經營事業、下廚做菜的表現得到印證。

　　以 La-New 皮鞋來說，許多民眾並不清楚這個品牌是道地的台
灣本土貨。劉保佑當初接下朋友即將倒閉的鞋子工廠，即決定改做

休閒鞋，但三年下來虧損連連，他的信心開始動搖，之後他輾轉得知有百分之八十五的民眾都有腳部不適的問題，劉保佑靈光一現，「鞋子不只是鞋子，而是健康器材」！

於是，他另起爐灶，從健康角度切入，把鞋子與健康結合，終於在傳統鞋業市場找到了新的生機，La-New創造出國人對健康休閒鞋的需求，這塊大餅愈做愈大，營業額四年來成長五倍，由一九九八年的兩億元成長到二○○二年的十億八千萬元。

劉保佑對於烹飪也下足了功夫，他認為，做好菜的基本要件包括食材新鮮、步驟正確、掌握火候，「最重要的還是要有興趣，而且勇於嘗試，才會累積出成果。」

劉董好為人師，經常指導他人如何簡易地煲出好湯，舉例來說，煮苦瓜鳳梨雞湯的順序應先煮雞，再放入苦瓜，最後再加鳳梨。玉米蛋花湯則是玉米湯煮熟後，關火再將蛋汁倒入，蛋花才不會變得碎碎的。

他還好心指點大家買池上米要記得選擇有「池上農會」標章的池上米，否則滿街都是池上米，品質差距卻相當大。

雖然廚藝甚佳，劉保佑對於太座張錦珠的好手藝可是肯定有加。劉董最推崇太太做的烤烏魚子，耳濡目染下，他也清楚料理烏魚子的撇步，烏魚子要選購新鮮且肥美的品質較佳，烤烏魚子前先將兩片薄膜撕掉，然後將鍋燒熱，再以小火將烏魚子正反兩面烤十秒鐘即可。

很注重養身的劉保佑提醒大家，為了健康應該少吃肉，多選擇粗食和不添加任何調味料的食物。以筊白筍來說，以水煮熟了即可食用，味道已經很鮮美了。

生活也是單純就好。此中有真義，欲辯已忘言。

鮪魚苦瓜湯

。材。料

樹子（破布子）3～
4瓶（1瓶約135克）
中型苦瓜2條
鮪魚鰓2～3公斤
蔥1支

。調。味。料。

香油少許

。做。法。

1. 鮪魚鰓、苦瓜川燙，水煮開將所有樹子全數
   倒入，煮到滾開10分鐘。
2. 加入苦瓜煮5分鐘後，將鮪魚鰓放入鍋中煮
   3分鐘再滴入少許香油即可。

。貼。心。小。叮。嚀。

★鮪魚鰓新鮮與否，決定此道菜的成敗，因此選
   購魚時要挑選新鮮的好食材。

氣象站裡的
料理鐵人
陳來發。

最好的休閒，就是和太太一起下廚

　　陳來發擔任中央氣象局預報中心主任長達十年，這十年當中，每當颱風警報發布後，陳來發就會出現於電視鏡頭前，為全國民眾分析颱風的動態。因此，陳來發的知名度比氣象局長還高。

　　有次他搭乘一輛嶄新的計程車外出，運匠大哥一眼就認出他是陳來發，並且開心地對他說「來發，來了就發，新車載的第一個客人是你，真好！」

　　氣象局有個不成文規定，颱風警報發布後，相關主管和預報員都要停休，住在氣象局，直到警報解除為止。在預報中心工作了二十多年，陳來發經常以局為家，每當颱風來時，家裡大小事情只能靠太太挑大樑了。

　　納莉颱風來襲時，重創台北，降雨量打破四百年來最高紀錄，陳來發忙得焦頭爛額之際，接到太太的求援電話說：「水已經淹到家門口了，怎麼辦？」，聽到妻子害怕無助的聲音，陳來發只能給予精神鼓舞，無法抽身趕回家，為此，他對太座和兩個女兒有很深的歉意，因為往往在家中最需要他的時候，他卻必須留在氣象局。經多次請辭，氣象局長才勉強同意陳來發卸下預報中心主任職務，調任第三組長，陳來發才有更多時間獻身家庭。如今，他已自氣象局退休，把自己還給家人。

　　陳來發是愛家的好男人，休假時，他把時間留給家人，不是帶妻女上館子吃美食，就是和太座一起下廚，「陳家廚房」是營養可

口的代名詞，好菜上桌總是吃得盤底朝天，好客的陳先生和陳太太，也常邀請友人到家打牙祭，只要是阿發邀宴，再忙也要赴約，否則錯失美食豈不可惜。

以美食會友，充滿香味的國際外交

　　陳來發夫婦都是做菜高手，陳來發是本省人，太太是北方人，兩人相互影響、學習，成為標準的「南北合」。阿發本來不會擀水餃皮，如今擀得又快又好，包出的餃子更不含糊。

　　陳來發住在透天厝的別墅，偌大的房子打理起來相當不容易，還好發嫂賢慧能幹，家裡窗明几淨，典雅舒適，走進屋內即能感受到美滿溫馨的氣氛，讓人有種幸福的感覺。

　　阿發透露，他出社會後的第一份工作是在基隆市安樂國中教書，雖然只教了三個月即轉至民航局任職，不過，短暫教書生涯卻有一輩子的收穫，因為他在這所學校認識了另一半。

　　剛結婚時，生活比較拮据，為改善家計，陳來發經外交部甄選通過，隻身赴北非利比亞擔任機場天氣預報員。陳來發在非洲工作兩年多，協助利比亞建立飛機起降天氣預報制度，受到該國政府和民眾的敬重。在異域工作不僅辛苦，還要忍受濃濃的鄉愁，陳來發為了多掙些錢，咬著牙熬了過來。如果不是母親病重，陳來發還會在利比亞多待幾年。

　　在利比亞任職期間，陳來發是廚藝精進的一個關鍵期，當時他和許多各國來的專業人士住在一起，放假時，大家常「以菜會友」，

一方面把自己的拿手菜介紹給國際友人，另一方面也可藉此機會學習他國美食的料理方法。

陳來發記得，他做的魚香茄子深獲老外讚賞，他也是在利比亞兩年學會怎麼做印度攤餅，做法是把餅甩到空中幾次，餅才會變圓，這項絕技並不容易學。

陳來發赴美於密蘇里州聖路易大學攻讀大氣科學碩士學位期間，也常和台灣留學生聚餐，每個人準備一道菜，大夥吃得快活不已。環境可以造就「料理鐵人」，陳來發就是個例子。

做菜，要像播氣象預報一樣理性精準

除了國外獨立生活的經驗，陳來發於氣象局預報中心任職期間，工作須排班和輪調，陳來發輪休時，太太常在學校上課，所以他就自力救濟，常弄點好吃的食物犒賞自己，也可以讓家人回來時有個驚喜。

天蠍座的陳來發個性冷靜，做事講求方法和步驟，即使下廚時也不會手忙腳亂，他在菜中加酒去腥時，會以手指壓住瓶口再一點一點倒，才不會倒得太多，由這個小細節即可看出阿發做菜功力確實不凡。

陳來發在基隆和平島的小漁村長大，喜歡吃魚蝦等海鮮是從小養成的習慣，不只會吃也會做，陳來發是煎魚高手，太太煎魚技巧都是和他學的。陳來發說，煎魚前有個小地方要注意，就是先把魚擦乾，否則魚下油鍋後很容易沾鍋。此外，必須等到鍋內油熱才把魚放入鍋中，他都是以鍋中油起一絲絲紋路往下流來判定油已燒熱。

他說，有些做菜技巧講穿了很簡單，但卻很容易忽略。例如，有些用炒的青菜如芥蘭、胡蘿蔔、玉米等，若想保持菜的鮮度，可先把菜汆燙，掏起用冷水沖，再放入炒鍋只要拌炒一會即可，如此端出的菜比較漂亮。

「氣象和做菜都是我的興趣，氣象是工作，做菜是消遣。」陳來發表示，兩者的經驗雷同，如果氣象預報報得很準就很開心；同樣的，做一道好菜被吃得精光，也是很大的成就感。相反的，氣象預報不準時，心情難免鬱卒；做菜忘了放鹽巴，也會懊惱，他總以失敗經驗警惕自我避免再次出錯。

陽光蝦球

◦材◦料

草蝦仁 10 兩
胡蘿蔔半條 · 蘆筍 3 支
甜椒（三色）各 1/3 個
玉米筍 2 兩 · 草菇 2 兩
毛豆 1 兩 · 筍 1 個
蔥 2 根 · 薑 5 ～ 6 片

◦醃◦料◦

鹽 1/3 小匙 · 蛋白 1/2 個
太白粉 2 小匙
酒 1/2 小匙

◦調◦味◦料◦

酒 1 小匙 · 鹽 1 小匙
胡椒 1/3 小匙
太白粉 1 小匙 · 水 2 小匙
麻油 1/4 小匙

◦做◦法◦

1. 先將草蝦仁背部切開，洗淨擦乾，以醃料醃泡 15 分鐘備用。

2. 將其餘所有配料（毛豆、蔥、薑除外）切丁。

3. 接著將較難煮熟的胡蘿蔔、毛豆、筍，先煮熟泡涼。

4. 熱鍋倒入油，待油熱後，將做法 1 的蝦仁及做法 2、3 之所有配料（蔥、薑除外）分別過油約半分鐘後盛起。

5. 將油倒出，留約 1 大匙份量，蔥（須切段）和薑爆香後取出。

6. 將做法 4 之蝦仁及配料放入鍋中，加酒 1 小匙，再加入其他調味料炒勻即可。

◦貼◦心◦小◦叮◦嚀◦

★蝦子洗淨後要擦乾再用醃料醃泡，過油時才不致熱油四濺。

快人快語
快手料理
郭素春。

只要嚐過的菜，就能立刻做出來

　　國民黨立委郭素春能言善道，經常應邀上電視談話性節目，為黨辯護。她說話滔滔不絕，條理清晰，又有鄰家媳婦般的親切感，對國民黨有加分作用。這位國民黨中生代的女性戰將，私底下是位傳統女性，喜歡下廚，手藝具有專業水準，家中廚房是她叱吒風雲的場所。

　　郭素春從小對做菜就有濃厚興趣，父母是她的啓蒙老師，教導、鼓勵她學習和嘗試做菜。

　　「我的爸爸媽媽都擅於烹飪，平常是媽媽下廚，爸爸偶爾會大展身手，做些功夫大菜。我是天生的好奇寶寶，大人做菜時，我經常在廚房裡竄進竄出，而且問東問西，久而久之，我揣摩出做菜的節奏和秘訣。」郭素春說，小時候能夠打下做菜的基礎，主要是媽媽給她機會學習，而且允許犯錯，她即從摸索過程逐漸掌握燒菜的要領。能有今天這麼精湛的廚藝，郭素春非常感謝父母提供的學習環境。

　　郭素春這方面可說是天賦異秉，學什麼菜一點就通，還會舉一反三。郭素春在外用餐時一旦吃到令她驚艷的好菜，回家即會設法把相關素材買回來燒，有時會加上一點巧思和變化，比較自己做得好還是外面餐廳料理得道地。她的手藝備受朋友稱讚，大家都稱她為「郭培梅」，可以媲美名廚傅培梅。

　　郭素春的招牌菜不少，鳳梨炒飯、糖醋雞、蛋汁排骨都很拿

手，台灣小吃如肉羹、麵線她也做得很道地。

一次上菜一手完成，廚房也要時間管理

手藝好的人多半好客，郭素春也不例外，她曾經做了二十幾道菜，請國民黨黨工打牙祭，看到每道菜都大受歡迎，郭素春笑得好開懷。

快人快語的郭素春，做菜的速度也很驚人，充分反映出她凡事規劃、一氣呵成的作風。

「我是個職業婦女，做事一定要有效率，才能把家庭照顧好。」郭素春表示，以前孩子還小時，她天天下廚，但並非每天上市場買菜，周末假日她會買許多豬肉和大骨，切成的肉絲，熬好的高湯都會用塑膠袋分開包裝，然後一包包弄平，放進冰箱冷凍庫整齊排列，像果凍似的，做菜需要時即取出一包做菜或煮湯，十分方便。

郭素春說，當「一家之煮」一點都不辛苦。她準備四菜一湯通常只需半小時，五、六個人吃飯沒問題。當然，快要有撇步才行，她經常在電鍋煮飯時順便蒸香腸，郭素春煮蘿蔔湯時，大都會把需要白煮的肉一起放到湯裡煮，不僅可增加湯的鮮度，湯煮好時，另一道菜白切肉也完成了。又如，她做蒸蛋時，往往在鍋中另一層同時蒸魚，等於一次做兩道菜，節省不少時間。

喜歡一次上菜是她的做菜習慣，郭素春很注重時間管理，她會把要做的幾道菜都洗切好、醬料、佐料也準備妥當，再一道道下鍋煎煮炒炸，甚至鍋子都不用清洗，例如，先煎荷包蛋，鍋子再用來

煎過香腸，香腸起鍋後再炒青菜或燙青菜。如此，五分鐘就可以出一道菜，這就是她的「一次上菜」哲學，上桌吃飯時，每道菜都能是熱騰騰的。

女人，是讓全家都微笑的靈魂人物

郭素春天秤座的特質很明顯，做菜時非常講究營養均衡，以及菜色的美感。「孩子以前都說，老師常誇獎我為他們準備的便當菜看起來很好吃，排列得也很好看。」郭素春說，孩子的成長只有一次，做母親的多費些心思，就能讓他們攝取充分的營養，她記得，有一次碰到孩子胃口不佳，她把飯扣在盤子裡，並於飯上灑點芝麻，果然有很大的加分效果，孩子吃得津津有味。

郭素春認為，女人是家中的靈魂，要一家人笑就會笑，要一家人哭就會哭。深感自身責任重大，郭素春很努力營造良好的家庭氣氛。她的親身經驗是，女主人如能燒得一手好菜，家中氣氛必然熱絡和諧。

父親是萬里鄉的老村長，叔叔則做了二十幾年的鄉民代表會主席，郭素春從小對政治並不陌生，不過，她會投入政界卻是個偶然。大學畢業後，原在企管公司服務，並主持廣播節目，後來在叔叔的鼓勵下，加入國民黨，角逐台北縣國大代表選舉，高票當選後，從此步入政壇。

十多年來，郭素春從政治門外漢到做過一屆國代、兩屆立委，其在政壇表現不俗，已被視為國民黨中生代強棒之一，是位兼具說服力和親和力的女戰將。

在職場之外，郭素春也很用心經營她的家庭，展現出工作以外的溫柔和韌性。

生炒花枝

。材。料

花枝 3 隻
胡蘿蔔 1 條
蒜頭 2 顆
洋蔥半個
青蒜 1 支
蔥 3 根
香菇 5 朵
小黃瓜 3 條

。調。味。料。

鹽 1 小匙
醋 2 大匙
糖 1 小匙
醬油 1/2 大匙
地瓜粉 1 大匙
香油少許

。做。法。

1. 將花枝切成塊狀，表面切花；胡蘿蔔切片，表面切花；蒜頭拍碎、洋蔥切塊備用。
2. 將青蒜、蔥切前段爆香，再放入香菇與做法 1 的切塊洋蔥放入略炒。
3. 隨後將做法 1 的花枝和胡蘿蔔放入做法 2 的材料中，以大火熱炒。
4. 將切片的小黃瓜以及蔥的後段放入鍋中，再加入調過水的地瓜粉，攪拌均勻。
5. 最後，在起鍋前灑上一些香油即可。

。貼。心。小。叮。嚀。

★ 鍋中加水必須是熱水，才能快速將食材起鍋，以免煮得太老，洋蔥也會變黑。
★ 使用地瓜粉勾芡是因為較太白粉透明，用起來也不會那麼黏稠。

養生私房菜

夫人的美食外交

田玲玲。

從小就是家中的無敵鐵金鋼

　　前監察院長錢復夫人田玲玲氣質出眾，溫柔婉約，待人接物的分際總能掌握得恰到好處，這種細緻自然的體貼，讓人如沐春風又毫無壓迫感，她是公認「成功的女主人」，只要錢復和田玲玲做主人宴客，必定賓主盡歡。

　　田玲玲對於發揚中國菜貢獻不小，錢復早年擔任駐美代表期間，田玲玲扮演成功「雙橡園女主人」的角色，以菜會友，許多國際友人因為田玲玲而認識且愛上了中國菜。

　　「只要用心，很少事情會失敗。」這是田玲玲的人生哲學，她認為，平時要做好準備，遇事就不致慌張失措，而且應該都有不錯的表現。

　　田玲玲正是一位凡事都有準備的傑出女性。

　　小時候在眷村長大，父親於空軍服務，母親辛苦拉拔田玲玲等四個小孩，由於是家中長女，田玲玲從小就具有強烈責任心，碰到問題絕不逃避，有點像是家中的「無敵鐵金剛」，從釘棉被到抓老鼠都會做。

　　她說，以前的家是日式房子，老鼠、蟲子比較多，小時候她經常得處理這些問題，無形中訓練出她的膽量，記得有一回家裡發現一隻大蜘蛛，模樣很恐怖，弟妹們都害怕地躲在一旁，她只好站出來，戴上長手套就去摘除蜘蛛。不但如此，家中的電器插頭壞了，她也學著修理。

咖哩雞

◦材◦料

雞肉約 10 兩
（選擇小里肌肉部位）
洋蔥 1/2 個
馬鈴薯 1 個
胡蘿蔔 1 條

◦調◦味◦料◦

太白粉 2 大匙
醬油 1 大匙
咖哩塊 4 塊
（日本製，每盒為六
塊，選蘋果口味，辣
度為中辣）

◦做◦法◦

1. 先將雞里肌肉去筋切丁約 2 吋大小、洋蔥
   切成約 1 吋大小、馬鈴薯切成塊狀、胡蘿蔔
   切塊備用。
2. 先將洋蔥炒香、略翻炒後盛出。
3. 將做法 1 的雞丁用太白粉及少許醬油略拌，
   入油鍋炒至變色盛起。
4. 將做法 2 的洋蔥，以及做法 1 的馬鈴薯、胡
   蘿蔔，連同咖哩塊加兩飯碗水，下鍋煮至
   濃稠適度。
5. 加入做法 3 的雞丁略微拌炒，收汁即可完
   成。

◦貼◦心◦小◦叮◦嚀◦

★雞的里肌肉是其最嫩的部位，以雞的里肌肉做
　咖哩雞，效果特別好。炒雞丁時要掌握略炒要
　領，炒太久會使肉質變硬。

夫人的美食外交
田玲玲。。。

　　幫忙燒飯、做家事，對田玲玲來說是天經地義的事。田玲玲是北方人，所以從小跟著母親學會擀麵做許多麵食料理，包餃子、做包子、花捲都難不倒她。田玲玲記得，那時候每到假日，就是家裡親子活動時間，媽媽帶著他們炸巧果、燻雞腿，孩子們就在趣味當中學到了很多烹調知識與技巧。

連午休時間都拿來學做菜

　　「技不壓身」是田玲玲母親送給孩子的一句話，勉勵他們多學習些技藝，不要只會念書而成為生活上的白癡。這句話對田玲玲影響很大，她不僅身體力行，也以此教育孩子。

　　田玲玲求學時代，即是文武全才的風雲人物，念政治大學時因為參加救國團舉辦的青訪團徵選和集訓活動，結識了學長錢復，錢復認定田玲玲就是他尋覓多年的佳人，展開熱烈追求，這段才子佳人的美滿姻緣就像是現代版的王子與公主的童話故事。

　　錢復父親錢思亮為一代學人，做過台大校長和中央研究院院長。田玲玲嫁給一位世家之子，且婚後要和公婆同住，不免有些心理壓力；不過，她相信，與人相處，貴在用心、誠懇，做什麼角色只要認真，努力規劃，應該不會差太多，她常說「過猶不及」，太煩

山藥百果排骨湯

◦ 材 ◦ 料

山藥半條
小排骨半斤
百果 1 包（超市出售
已處理乾淨者）

◦ 調 ◦ 味 ◦ 料 ◦

鹽 2 小匙
糖少許

◦ 做 ◦ 法 ◦

1. 山藥去皮切成大丁，加水及少許鹽、糖浸泡去黏液備用。
2. 將小排骨川燙過後，再燉約半小時（用電鍋蒸亦可）
3. 將百果放入做法 2 的排骨湯汁，中煮約 20 分鐘。
4. 最後加入做法 1 的山藥，煮約 10 分鐘即可食用。

◦ 貼 ◦ 心 ◦ 小 ◦ 叮 ◦ 嚀 ◦

★山藥避免太早放入，以免過糊失去口感。

惱只會無濟於事。確實如此,田玲玲從容地把生命中每個角色都扮演得很好。

結婚前,田玲玲對烹飪已有基礎,婚後她除了向婆婆學習,並在任職機構中央銀行報名烹飪班,利用中午休息時間學會許多家常菜和宴客菜,所以從沒有這方面的問題。

「孩子小時候,我很注重他們的營養,我發現孩子吃東西常以個數為單位,例如麵包只吃一個,所以我會買真材實料、比較結實的麵包,這樣一個才能抵兩個嘛!」田玲玲表示,做菜並不困難,興趣和努力同等重要,想在做菜方面專精就得下點功夫,例如火候控制、份量拿捏都是成敗關鍵。她並強調,烹調很具彈性,口味輕重可以調整,也可加些自己的創意,不一定全照著食譜做。

一個月 27 天宴客記錄,改善了國際關係

對田玲玲來說,最大挑戰是隨錢復出任駐美大使期間,據她統計,六年當中,雙橡園每個月平均宴客十五至十七次,最高紀錄是一個月二十七次。為了中美關係的改善,田玲玲全力以赴,做錢復最好的幫手。

從餐具選擇、菜單安排,到賓客搭配,田玲玲都一手包辦,她特地到紐約選購台灣大同公司出產的青花藍白瓷製餐具,餐具底面還請大同公司打上「made in Taiwan ROC」的字樣,以免外國友人誤以為是日本餐具。宴客前,田玲玲會調出過去宴請時所作的記錄,了解主客的喜好和忌諱,邀請適當的陪客,在菜色方面要作些變換,避免和前次相同。

田玲玲說,當時雙橡園宴客均以中國菜為主,這也增加了宴客的話題,於宴客中將中國飲食文化、生活習慣介紹給國外友人。她記得有一回有個客人不慎把水晶玻璃杯打破,錢復馬上向他們說到中國人「碎碎平安」的習俗,頓時化解了客人的尷尬。也由於田玲玲和錢復的用心與努力,那段時間中美關係大為改善,許多美國友人至今仍和他們保持密切聯繫,彼此深厚友誼由此可見。

近年來,田玲玲飲食更加清淡,平日大都三菜一湯,通常是一肉、一魚和一道綠色蔬菜。她說,清淡健康的飲食,不僅有益健康,對修身養性也有幫助。

愛戀台灣小吃
楊素華。

碗粿是家中最受歡迎的大明星

前考試院長許水德福氣好，妻子楊素華賢淑能幹，會做各式各樣的台灣小吃，楊素華做的碗粿、肉粽、油飯、潤餅、魚丸，是許水德百吃不厭的美食。

碗粿常是許家的早餐，楊素華在前一天的晚上先把糯米、香菇泡軟，第二天起床後將糯米放入果汁機內加水打成泥，另起油鍋把前一晚已準備好的香菇絲、肉絲、蝦米加上油蔥酥、五香粉、糖和醬油炒香，再把炒過的料置入碗內，再鋪上打成泥的糯米，隔水蒸十幾分鐘，營養美味的碗粿就大功告成了。

許水德全家大小都喜歡吃碗熱騰騰的碗粿，再喝碗許家特製的蔬菜湯再出門，吃完後不僅齒頰留香，而且精神奕奕。

「碗粿雖是糯米做的，但糯米打成泥後吃起來很快，而且容易消化，也不油膩，且熱食、放涼都很可口，所以是道老少咸宜的早點或小吃。」楊素華說。

楊素華和許水德始終對台灣小吃深情不悔，在他們記憶深處，那些美食摻揉著成長的歷程，點點滴滴都是生命中難忘的滋味。

「小時候，只要我行為或課業表現得不錯，父親就會犒賞我，帶我從高雄到台南吃小吃，那些美味的小吃，我一輩子都不會忘記。」楊素華說，許水德小時候家境不好，平日飯都吃不飽，那敢奢望台灣小吃，愈是難得吃到的東西，愈覺得珍貴，所以許水德長大後把對台灣小吃的渴望，轉化為一生的執著。

吃一口豆花，就想念父親一回

許水德年幼時唯一能夠吃到的小吃就是豆花，他的父親以賣豆花維生，如果豆花沒賣完，才會分給家中的孩子吃。對許水德來說，豆花是世間珍品，營養、美味到無可挑剔。

「水德兄在當高雄市長期間，有位賣豆花的小販每天下午都會到市長公館附近叫賣，我都會跑出去買碗豆花放在冰箱，水德兄晚上回到家，不論是否吃過晚飯，他都會把豆花喝掉，我想這是他懷念父親的方式。」楊素華說。

許水德、楊素華伉儷相敬如賓，感情甚篤。不論公開或私底下，他們不叫對方名字，許水德以「楊老師」稱呼他的另一半，楊素華在人前人後都已經習慣稱呼許水德為「水德兄」。

學做台灣小吃，不只是為了先生，也為了孩子。楊素華說，她的兩個兒子是雙胞胎，兄弟從小較為瘦弱，體質也欠佳，身為一位母親，她只是單純想把孩子養胖點，所以絞盡腦汁地做些好料理，這即是她學做台灣小吃的一個主要動機，由於先生和孩子都非常喜歡，她便愈做愈起勁，也愈來愈有心得。

楊素華的原則是「能夠自己做的盡量DIY，不僅衛生，口味也好，全家可以吃得安心，吃得開心」。本土小吃全都難不倒她，許家常出現的台灣小吃包括碗粿，肉粽、油飯、肉圓、魚丸、潤餅、蝦仁羹，都是楊素華親手做的，她的功力具專業以上水準，足以開班授課。如果開設台灣小吃補習班，拜師學藝的學生一定爆滿。

她深信，凡事存乎一心，只要有心，即使不能到達理想境界，也會有令人滿意的成果。並秉持著這原則，以愛為調味料來烹調食物，用心做出美食。

自製食譜卡片，成為傳家之寶

楊素華在高雄縣岡山長大，父親是當地士紳，對古詩詞造詣很深。楊家三姊妹個個標緻，身為家裡的老么，從小備受寵愛。

「結婚前我沒有做過飯，可是結婚後很肯學，潛力慢慢被開發出來。」楊素華表示，婚後她曾到味全烹飪班、婦女會烹飪班、傅培梅烹飪班等處上課，學會不少經典名菜，回家後反覆練習、不斷改進，後來朋友到家裡作客，也不會慌亂，顯得胸有成竹。

　　因爲經常請客，楊素華有個習慣把要做的菜色和材料寫在一張張卡片上面，這樣準備起來不會遺漏，效率自然提高。楊素華隨手寫的卡片累積數量已相當可觀，她謙虛地說這些卡片對別人沒有什麼用處，只是自己做事方便而已；其實，這是許家的無價之寶。

　　楊素華做菜很少用調味料，像許水德喜歡吃的地瓜葉、苦瓜，她都盡量用燙的方式烹調以求清淡；另外，許水德夫婦都愛吃魚，對於魚的料理，她投入了相當的心力。

　　「小時候我們住在岡山空軍基地附近，有位賣魚的小販每天都按時出現兜售，媽媽都會買條虱目魚，魚是我們家餐餐必備的食物。」楊素華說，她的母親早上煮虱目魚粥，魚的頭、尾用來煮湯，魚的中間部位則用蒸的。她從母親身上學到魚肚怎麼切片才會避免碰到魚刺。

怕浪費，變成專吃魚頭的家庭主婦

　　提到魚，楊素華想起許水德的笑話，「家裡的魚頭都是給我吃，水德兄以爲我喜歡吃魚頭，有一次朋友請吃飯，端上一道石斑魚，大家在問誰要吃魚頭，水德兄指著我說，她喜歡吃魚頭。」

　　許家長年備有一大鍋「健康蔬菜湯」，蔬菜湯的主角是高麗菜，加上洋蔥、胡蘿蔔、番茄，先以大骨加些牛肉熬出鮮美的高湯，再把材料放入高湯內煮，不需要加味精，就是一道營養豐富、顏色鮮艷又不油膩的好湯。楊素華說，她每次都煮一大鍋蔬菜湯放在冰箱，要吃的時候，就盛出一些加熱，並可隨意加入魚丸、燕餃、肉片、魚片等。

　　「這道湯有養生補氣的效果，日本人還以高麗菜製成胃藥，高麗菜、番茄等都是營養豐富、物美價廉的蔬果。」楊素華表示，一般人每日攝取的蔬菜量都不足，喝這道湯就不會有這方面的問題。

　　「楊老師」楊素華春風化雨數十年，退休後生活重心除了照顧家庭外，也撥些時間運動、學佛。她每天清晨都到台大運動，回家用過早餐後即以虔誠的心念經禮佛，作息單純、心境恬靜。

　　兩個兒子成家後，家裡人口簡單，楊素華每天依舊固定做三餐，並且經常把好吃的東西往媳婦那裡送。好太太、好媽媽、好婆婆，楊素華當之無愧。

營養潤餅

。材。料

高麗菜 1 棵　　叉燒肉適量
胡蘿蔔 2 條　　五花肉半斤
白蘿蔔 1 個　　魚板適量
豆芽菜半斤　　鮑魚適量
大黃瓜 1 個　　鮮蝦半斤
豆干 1 斤　　　烏魚子適量
雞胸肉半斤　　春捲皮 2 斤
雞蛋 5 個　　　香菜少許
香腸半斤

。調。味。料。

花生粉適量
糖粉適量
蒜泥適量

◦ 做 ◦ 法 ◦

1. 將高麗菜切成細絲；胡蘿蔔和白蘿蔔切細絲後以少許油略炒；豆芽菜汆燙好；大黃瓜汆燙後切絲；豆干滷過切絲；雞胸肉煮熟掰成絲；蛋煎熟（薄皮狀）切成絲；香腸、叉燒肉、五花肉煮熟切片。

2. 魚板煮熟切絲；鮑魚切絲；蝦煮熟切片；烏魚子以米酒拌一下後去皮，待鍋中油熱後，再將烏魚子在油中煎一下，即可取起切片。

3. 將春捲皮一張張輕輕撕開，包潤餅時以兩張春捲皮為底，先鋪薄薄一層花生粉，再視個人喜好把做法1與2的材料加入，之後灑上糖粉、蒜泥，最後再放點香菜一起捲起來即可食用。

◦ 貼 ◦ 心 ◦ 小 ◦ 叮 ◦ 嚀 ◦

★豆芽菜、大黃瓜要把水瀝乾才行，香腸要等涼的時候再切，烏魚子則要趁熱切片。花生粉和糖粉可以攪拌在一起。此外，潤餅最好現包現吃，口感最優。

熱愛家居的美麗女廚

何麗玲。

不怕麻煩的養生高手

立委黃義交與美麗女強人何麗玲的愛情故事，曾轟動一時並且倍受爭議，雖然兩人感情已經劃上休止符，但是彼此無怨無悔，仍給予對方最大的祝福，對於曾經擁有的美好時光，也都十分珍惜。如今，何麗玲把生活重心放在事業上。

得天獨厚的何麗玲，集美貌與財富於一身，她想做的事情，很少不能達到目標。她的養身和保養之道也是秉持這樣的理念。

何麗玲以往投資股市、房地產頗有斬獲，如今事業重心又轉移至經營醫院和春天酒店方面，她一直嘗試多元發展，且都做得有聲有色。

因為工作太多，何麗玲養成早起的習慣，每天上午六點半起床，看報、做運動，喝杯蔬果汁或芽菜汁之後，即展開忙碌的一天。

「星期一、三、五我喝蔬果汁，二、四、六喝芽菜汁，這是我的養顏秘方。」何麗玲說，大家都知道喝蔬果汁、芽菜汁有益健康，但多數人都覺得麻煩；其實，只要有心，做起來十分方便。

何麗玲的做法是選擇當令的蔬果，蘋果、番茄、苦瓜、黃瓜、芹菜、胡蘿蔔、葡萄柚、檸檬、芒果、柳橙等都很適合，洗淨後放入冰箱，上午起床後即可打成汁；芽菜汁也很簡單，苜蓿芽、小麥草等營養成分高，如果想增加口感，可以加入牛奶、優酪乳一起打成汁。

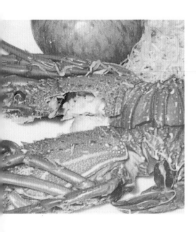

何麗玲表示，做蔬果汁、芽菜汁很方便，現在販售生機蔬果的商店很多，不妨一星期選購一次。

嚮往家庭主婦生活的溫柔女強人

為了美麗與健康，何麗玲表現出超強的意志力，不該吃的絕對不吃，只選擇有益身心的食物，而且持之以恆。

「我不吃油炸和加太白粉的東西，不碰酒、咖啡、茶等刺激性的飲料，也不愛吃甜點，而且絕對不吃消夜。黃義交以前吃得比較油，口味也較重，後來受我影響，飲食清淡多了，並且很少過量。」何麗玲說。

雖然很少吃甜點，何麗玲卻是做甜點的高手，她會做多種口味的提拉米蘇，且具有專業水準，她的聰慧令人驚豔！

一直被外界定位為「女強人」，何麗玲最嚮往角色的卻是傳統的女性，她認為，做個全職的家庭主婦最快樂。

「我是天蠍座，Ａ型，屬於宜室宜家類型的女性，很會打掃、布置家庭，也懂得照顧家中每個成員。我最愛待家裡，光是看家裡的超大型魚缸裡的魚群，一坐就可以坐幾個鐘頭。」何麗玲表示，她注重養身，也很喜歡做菜，經常在家裡請客，做一桌菜招待朋友，看大家吃得開心，就覺得很有成就感。

用天賦做菜，就是一門藝術

何麗玲對於烹飪可說是天賦異稟，上海菜、廣東菜、台菜等，

她都有本事辦桌，家中經常高朋滿座，談笑風生。她認為，辦桌請客一點都不難，因為她做菜速度快，只要把次序弄對，問題就很容易搞定。任何菜色只要在餐館吃過，何麗玲頂多請教一下廚師，她就有把握回家如法炮製。她把做菜當作一門藝術，不時加入創意和靈感，通常都有很好的效果。

「我玩得很開心，現在已能觸類旁通，我去買菜時，菜販還會問我買這些菜要怎麼煮。」何麗玲說，她喜歡選擇當令的食材，做出一道道佳餚。

何麗玲比較喜歡到傳統市場買菜，因為貨色齊全，而且物品新鮮。東門市場、南門市場都經常可以看到她的倩影。

烹調也是一種本能，何麗玲表示，從小她就會做菜，不需要別人教，也不用看食譜，偶爾會做些筆記。「做菜我或許有些天分，但上帝是公平的，每個人都專長，也有不行的一面，就像我唱一首歌，唱了二十遍，還是會走音。」

何麗玲，是個懂得把自我優點，發揮到淋漓盡致的聰慧美麗女人。

和風龍蝦沙拉

○材○料

龍蝦 1 隻（可以明
蝦或魚片替代）
玉米 2 個
海帶 1 把
皇宮菜 1 把
生菜 1 把
小番茄 10 餘粒
蘋果 1 個
苦瓜 1 個

○調○味○料○

鹽少量
和風醬 1 碗（以薑
末、芝麻油、白
醋、水、橄欖油、
辣粉調製）

○做○法○

1. 先把龍蝦頭剪開，鬍鬚剪掉，置入鍋中，加水
   及少許鹽，一起煮開。
2. 煮過的龍蝦置入冰塊中，讓龍蝦肉快速收縮。
3. 將龍蝦剖成一半，取下龍蝦肉，斜切龍蝦肉成
   片。
4. 玉米煮熟，切成長條片狀。
5. 將海帶、皇宮菜、生菜鋪在盤上，其次擺放做
   法 3 的龍蝦片，之後再擺上番茄、切成片狀的
   蘋果、苦瓜，最後以龍蝦外殼做為裝飾。
6. 淋上和風醬汁（可至日式超市選購，或以薑
   末、芝麻油、白醋、水、橄欖油、辣粉調製而
   成）。

○貼○心○小○叮○嚀○

★龍蝦煮熟後泡在冰水，可使肉質較有嚼勁，不致變
   軟。
★生菜可依季節及個人喜好調整，和風醬汁亦可以果
   汁醬、千島醬取代。

平凡的盛宴
林中斌。

為愛洗手做羹湯

　　公務領域之外，前國防部副部長林中斌在攝影、音樂、美術、電影等藝術方面的涵養都具專業水準，他曾獲一九七七年全美攝影比賽人物組首獎。如果林中斌不擔任公職，應該會是一位出色的攝影師或藝評家、影評人。不僅如此，林中斌也是養生和美食專家，他了解如何吃得健康，把食物美味與精華作完整保留。

　　只要有時間，林中斌喜歡下廚，他是為愛洗手做羹湯，做些可口營養的美食和妻子張家珮共享。林家常見的場景是林中斌做飯，張家珮洗碗。

　　周末時分，若無特別行程，林中斌一大早就會去新店住家附近的山丘爬山，運動完回家沐浴後，他會為自己和太太各打一杯綜合果汁，接著林中斌開始做早午餐，兩人邊吃邊聊，說說笑笑、快意無比。

　　林中斌和妻子張家珮的故事，像現代版的「風中奇緣」，唯美浪漫且盪氣迴腸，讓人對愛情重拾嚮往與熱情。

　　林中斌定居美國三十多年，在美國智庫工作了相當長的時間，由於始終碰不到心儀的對象，他有一輩子打光棍的心理準備，直到遇見張家珮，「驀然回首，那人卻在燈火闌珊處」的感覺使林中斌悸動不已；不過，張家珮比他年輕二十四歲，再加上兩人分隔兩地，林中斌於美任職，張家珮則在台大念書，年齡加上遠距問題讓林中斌倍感掙扎，張家珮的直覺也告訴自己，她和林中斌「不可能」。

林中斌和張家珮本來都不看好這段感情，兩人通信一段時間後自然失聯，但彼此都為失去知己而覺得遺憾。或許是姻緣天注定，會成對的就不至於被命運拆散。

張家珮大學畢業後，有次到美國出差，突然想到她在東岸還有個好朋友，就試著打通電話給林中斌，只是林中斌適巧當時去台灣度假，等林中斌回美聽到張家珮在電話答錄機的留言後，立即回電張家珮，但張家珮隔天一早就要回台灣，兩人只好相約下次在台北見。從相識到第二次見到面，已經相隔七年，林中斌與張家珮認

為，他們沒有時間再等七年了，兩人克服所有障礙，於一九九五年步入禮堂。

一般的童話愛情故事的結局都是「王子和公主從此過著幸福快樂的日子」，但現實生活和童話故事不同，結局往往是愛情的幻滅，林中斌和張家珮卻是少數印證童話可以成真的佳偶。

家中的三師——老師、醫師與廚師

每到耶誕節前夕，林中斌的秘書得忙上好一陣子，整理他寄達全球各地的賀歲卡，賀歲卡內容即是林中斌和夫人一年來的活動，中英並陳，圖文並茂。那段時間是林中斌「秘書團隊」的頭痛時期，因為需寄出的卡片實在太多，但秘書群也不免對林中斌和張家珮的伉儷情深感動不已。

曾任國安會諮詢委員、陸委會副主委、國防部副部長，現在淡

江大學任教的林中斌博學多聞、幽默風趣,而且浪漫體貼,他不僅是張家珮的先生,也是她的「三師」——老師、醫師和廚師。不論是國際關係、兩岸情勢、國防外交或是電影、美術等藝術方面的疑問,林中斌都會有精闢獨到的見解。身體微恙時,林中斌會為其把脈,並在家裡的中藥櫃抓藥,多半皆能藥到病除。林中斌也是標準的美食與健康主義的信奉者,他經常帶著太太到一些很有特色的餐館打打牙祭,更不時下廚做些好吃的健康菜,林中斌深厚的藝術修養也在他做的菜色中表現得淋漓盡致。

林中斌做菜從不看食譜,創意總能自腦中不斷湧現,多年來他發明了不少道中西名菜。

「以前不知道我有這方面的小小天賦,直到出國外,因環境使然,為解決民生問題,不得不自己下廚,開始學做菜。」林中斌說。

取一把窗台香草,隨手隨興開始烹調

他認為,只要稍加構思,做菜不需要花太多時間,而且可以輕鬆以對。林中斌舉一道他經常宴客的菜,「烤鱒魚」,即是把洗淨的鱒魚和切片的蘑菇置於盤內,淋上雞湯粉和白酒,混合後以錫箔紙包起來,等客人進門後再將鱒魚放入烤箱,以華氏375度烤15～17分鐘即可。

林中斌常推薦一道養生湯「牛尾湯」,將牛尾和橘子皮放入鍋內加適量的水,並將醋、九層塔、番茄和洋蔥等配料加入,煮約兩小時即可,如用快鍋煮湯,只需要半小時,就可吃到美味又補身的牛尾湯了。

注重養身的林中斌做菜講究清淡,鹽放得很少,不加味精,調味料經常是就地取材,做菜過程中,他常摘些太太在廚房陽台上栽種的迷迭香、香草,清洗一下入菜,味道立即大大加分。他購買調味料的原則是品質第一,價格不計,林中斌表示,吃進體內的東西一定要注意品質,調味料更是輕忽不得,而一瓶醬油、醋可以使用很久,所以買質優的調味料絕對值得。

林中斌幽默地說,最好的調味料是饑餓,肚子餓了,什麼東西都好吃。因此,他做菜不求快,份量也不多,用餐者在饑餓狀態下進食,會覺得食物格外美味。

蔬菜蛋

。材。料。

雞蛋9個
香草（或迷迭香）少許
蘑菇 1/2 盒
番茄 1 個
甜椒 1/2 個
起司 4 片

。調。味。料。

橄欖油 2 大匙
白酒 2 大匙
鹽 1 小匙
胡椒 1/2 小匙
糖 1/2 小匙
麻油 3 小匙

。做。法。

1. 雞蛋打勻，香草或迷迭香切成細末拌入蛋汁中備用。

2. 蘑菇切碎、番茄、甜椒切成小丁、起司切碎。

3. 鍋內加入適當橄欖油，先將做法 1 的蛋汁到入，再開火加溫，隨後將做法 2 的番茄、甜椒、蘑菇、起司等材料先後入鍋。

4. 待蛋與其他材料半熟後即可翻面，並將中火轉為小火。

5. 加入白酒，以及鹽、胡椒、糖和麻油即可。

。貼。心。小。叮。嚀。

★煎蔬菜蛋時，可在中間戳個小洞，再移動一下鍋子，以利將蔬菜蛋翻面。

用詩歌
和文化佐菜

張香華。

讓家與菜都像詩一般精緻動人

　　二十八冊、二千萬字的巨著「柏楊全集」於二〇〇三年下半年出版，再次掀起了柏楊熱潮。柏老寫了二千萬字，堪稱空前絕後，成為寫得最多的華文作家，他以感恩的心情說，「這個社會對我充滿了尊重與溫暖」。當然，柏楊最感謝的對象是他的妻子張香華。香華的情深義重，對他來說，是上帝賜給他的恩典。

　　也是知名作家的張香華為了「柏楊全集」出版，跟著柏老趕場，忙於研討會和劇場方面的事務，功德圓滿後，她笑說「已很久沒寫詩，現在該輪到我用功了!」

　　張香華丰采迷人，對美的鑑賞力也高，她的詩、她的家和她的菜都以精緻美感取勝。

　　在新店和烏來之間「花園新城」的住家在她巧思設計下，鋪陳出詩情畫意般的美麗境地，海拔二百公尺的家可遠眺陽明山，也可俯瞰山腳下新店溪潺潺的流水，無論是晴朗無雲或是煙雨濛濛、客廳的大型景觀窗都會忠實地將山區青翠或迷離的綠意送入眼簾。

　　家裡有兩個書房，兩人各據一方，以保持創作時不受干擾而能盡情揮灑。張香華很懂得空間規劃，書房、廚房的每一寸空間都作充分利用，又能井然有序。「從這方面可以看出我多麼會鑽營!」

　　張香華另一得意之作是將廚房窗戶拆除，改為裝置藝術。由於廚房空間不大，夏天時顯得格外悶熱，但廚房不適合吹電扇以免影響安全，張香華即大膽把窗子拆掉，讓裡外空氣對流達到通風效

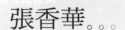

果。窗戶拆除後，她和朋友設計了鐵製的「天鵝與白鴿」裝置藝術替代原來的窗戶，突出的設計令人驚艷。

「電腦等科技發達後，不利於詩的創作，詩集在市場上很寂寞，詩人也成為稀有動物。不過，詩對我來說，是自我完成、自我對話，也是自我療傷，是靈魂的救贖，讓我重拾生活熱情。」張香華說，最近她想變點花樣，把詩和圖像結合，例如，詩句可以和菜配合，使其變得可口且可讀。

寫了一、二十本詩集，還有些散文和翻譯作品，張香華不算是多產的女作家，卻是位智慧又獨立的女性，外柔內剛的她為人感性，遇事又非常勇敢，願意做新的嘗試，即使跨越既定軌道也無怨無悔。

愛的背後站著的仍是愛

說起來，柏楊和張香華也因她的詩而結緣。柏楊在他的回憶錄中提到，他在獄中因為張香華的一句詩而悸動：「可以聽到地下種子抽芽的聲音！」服刑期間，他也寫詩，那是一種情感的寄託，否則可能會瘋掉。

一九七七年柏楊坐了九年零二十八天牢出獄後，在一次朋友聚會場合結識張香華，對她驚為天人，並積極追求這位美麗的才女，但柏老毫無把握，心想自己既老且醜又窮，還是個坐過牢的政治犯，應該沒機會追到這位才貌雙全的女作家；或許是上天對柏楊的眷顧，張香華並未因外在阻逆而卻退，當時有關單位到她任教學校調查她的資料，種種施壓反而激發出她性格中的叛逆的一面，她決心和柏老攜手同行。

隔年，他們在跌破眾人眼鏡中步入結婚禮堂，曾有人預言他們的婚姻維持不到三年；如今，柏楊和張香華已結縭達四分之一個世紀。對於陪伴柏楊走過的二十幾年歲月，張香華不禁想起她的的一首詩「我的愛人在火燒島上」，詩中寫著「我們不能忘記那些沒有星月的黑夜，只有海潮的哨音，日晒的烙痕。如今，我們紀念那個島嶼，我們懷念那首歌。」

張香華表示，人生就像是磁盤，對了就對了，不需要猶豫，婚姻也是如此。她笑說，她是柏老第五任太太，柏楊婚前只說結過兩

次婚。婚後她才得知真相,但並未因此和柏老翻臉,因為生命有限,老是在計較,只是和自己過不去。

柏楊和張香華的婚姻也與一般家庭不同。「柏楊出獄後,不僅需要一個家,更需要重建自我,我就是他和社會接軌的管道。」張香華表示,她和柏楊交往後,盡量把朋友介紹給他認識,大家帶著他看電影、逛超市,參與社會所有的相貌。

「許多人以為柏楊的太太應該是養尊處優,聽聽音樂會、品嘗美食,每天過著優雅的休閒生活。這種想法根本是大錯特錯。其實,和他結婚後,我每天都像在打仗。」張香華形容自己個性迷糊又鬆散,後來被環境所逼,只好上緊發條,因為做柏楊的妻子要像個戰士,為他打理一切。

張香華忍不住吐槽,柏楊生活非常單調,比她還迷糊,有時穿著不同顏色的襪子就出門了,有時還用家中的鑰匙去開別人家的門。在家裡,幾乎有一半的時間都在找東西,她曾試圖重建他的生活秩序,結果卻失敗,最後只能每天跟在柏老身後東撿西拾。

拋棄所有拿手好菜,一湯走天下

「我這個管家婆最輕鬆的是沒有下廚壓力,因為柏楊不主張女人下廚房,其實他這句話也不中性,因為他也不下廚,那麼誰做?」張香華說,以前她對烹飪很有興趣,但自從嫁給柏楊後,好像放下布袋,廚藝日漸生疏,直到這幾年因為比較注重養身,才特別拜師歷史小說名作家高陽的遺孀郝天俠學習如何煲湯,如今是一湯走天下。

「我學會以火腿、鮑魚、白菜燉雞,湯頭鮮美又營養;我常煮的雞爪湯,用薑絲和干貝提味,美味又不油膩。」張香華說,還有一道酪梨牛奶雞湯也是她的拿手菜。

提及做菜,張香華有獨到見解,她認為,中國人做菜一直停留在色香味階段,沒有文化陪襯;法國人做菜則是文化和生活品味的展示,也可以作為一種政治策略。

柏楊和張香華有別於尋常的夫妻,他們的情愛並非體現於朝夕的相依相伴,而是安心地在各自的空間自我實現,又能相互包容和支持,像一對在深山修行的高人,少了世俗的羈絆,多了份空靈和脫俗。

雞爪干貝湯

○材○料

　雞爪 10 支
　干貝 2～3 個

○調○味○料○

　高湯適量
　生薑數片
　鹽少許

○做○法○

1. 雞爪先洗淨，並經過汆燙處理後備用。
2. 干貝泡水發過後，先以電鍋蒸熟。
3. 將高湯和薑片煮幾分鐘後，再將做法1的雞爪與做法2的干貝放入煮開後的湯汁中，以小火燉煮約1小時，最後加入鹽調味。

○貼○心○小○叮○嚀○

★雞爪須先汆燙再煮以去腥味。

生機飲食
擊退癌症

陳月卿。

用冷靜面對生命的最大起伏

前陸委會主委、現任國民黨立委蘇起、陳月卿夫婦在職場上各領風騷，表現優異，忙碌的生活步調使他們像上緊發條的陀螺，不停地轉動。

一九九五年，蘇起在總統府副秘書長任內，在一次健康檢查時發現罹患肝癌，這個噩耗如晴天霹靂，擾亂了原有的生活秩序，一之間有些不知所措，但理性的蘇起很快冷靜下來，並在陳月卿的鼓勵下，決心與病魔對抗到底。他們勇敢面對事實，並且徹底改變飲食習慣，蘇起的癌細胞被抑制住，蘇起也成為抗癌的勇士。提起這段心路歷程，他最感謝的人就是妻子陳月卿。

「如果沒有陳月卿無微不至的照顧，我的人生絕對是黑白的。」蘇起說。

的確，陳月卿對蘇起病情的改善居功厥偉，她徹底改變了全家人的飲食習慣，陳月卿訂個簡單的飲食原則，家裡菜色的葷素比例為「七比三」，蔬果比例要達到七成，而且儘可能排除吃紅肉，一定要吃肉就以雞肉代替。

蘇家的早餐一向頗負盛名，陳月卿堅持全家人一早喝杯精力湯，再配上一片全麥土司，精力湯做法是以苜蓿芽、堅果、穀類、水果（香蕉、蘋果或其他）、加水和優格一起打即可。她大量購買有機蔬果，由於數量太多，最後只好多買個冰箱專門放置這些蔬果。為了打精力湯和豆漿，陳月卿還挑選了一種高品質的蔬果榨汁機，

這種巨無霸榨汁機非常勇猛，什麼蔬果都打得輕輕鬆鬆，而且絕少故障。

　　陳月卿篤信，早餐是一天活力的泉源，早餐內容很重要，精力湯之外，她常以有機黃豆為家人打豆漿，濃郁香純的豆漿不僅營養足夠，風味更佳。

一句聰明話，騙回一個好丈夫

　　家中有癌症患者，許多人都會亂了方寸，但這不適用於陳月卿身上，一直在新聞圈衝鋒陷陣的陳月卿，養成了凡事思考、凡事努力的習性，她冷靜地面對問題，廣泛閱讀癌患飲食書籍與指南後，決定正面迎戰，她和蘇起相互勉勵，在養生保健路上一起奮鬥。幾年努力之後，成果顯著。

　　陳月卿從小品學兼優，高中畢業以第一志願考上政大新聞系，大學畢業即至華視工作，在新聞播報、主持節目的功力頗受各方肯定，至今已獲得五座金鐘獎，並曾當選十大傑出女青年，陳月卿對新聞工作始終充滿熱情與活力，而且認真誠懇、全力以赴；不過，她不以職場上成功為滿足，家，永遠是她的城堡，並把照顧全家人健康視為天職。

　　「其實，婚前我很少做菜，和蘇起交往期間，他沒有看過我煮過一頓飯，連燒開水都是用插電的水壺，他向我求婚時，問我會不會燒菜，如果不會做菜，能煮冷凍水餃也行。我的答案是聰明人學什麼都快。」陳月卿想起這段往事就不覺莞爾，她說，為了「騙」

個好先生，先開張支票讓他安心再說。

　　婚後第二天，陳月卿有事外出，回家時看見蘇起找了一位學生做助理，在家做了一桌子菜等她回來。陳月卿感動之餘，也體認到另一半喜歡在家裡吃飯，因此，她決定和做菜拚了，從家常菜著手。原本只會煎魚的陳月卿有雙巧手，再加上食譜和好友們的指點，她很快就進入狀況。

柔情策略，捧出一個燒菜高手

　　「我最感謝的還是我先生，因為不論我做的菜有多難吃，他一定吃光光，並且讚美我做的菜好好吃。」陳月卿說，由於蘇起的鼓勵，她對做菜愈來愈有興趣，也很有信心。陳月卿笑稱，許多婦女就是在先生這種「柔情策略」下，成為燒菜高手。

　　陳月卿表示，她做菜喜歡設計、構思，主要的考量是健康、簡易與可口，為了家人健康，她做菜時把握低鹽、低油和低糖原則，強調均衡、營養和自然，避免過度烹煮。

　　蘇起生病後，陳月卿調整了全家飲食習慣，決定不再碰觸任何化學食品，盡量選擇粗食，以米來說，以糙米代替白米。家裡除了番茄汁外，沒有其他飲料。每餐蔬菜和葷菜的比例設定為七比三，葷菜部分吃魚比吃肉多，而且少做煎、炸的菜色。早餐從此只有全麥土司，配精力湯或自製豆漿。幾年下來，不僅蘇起病情大有起色，全家人都更健康了，陳月卿苗條玲瓏的身材就是生機飲食最好的見證。

　　由於家中兩位小朋友喜歡吃肉，陳月卿烹調肉類時，不忘加了大量蔬菜，以水果雞這道菜來說，因有多樣水果搭配，吃來不僅爽口，而且營養均衡。

水果雞

｡材｡料

土雞半隻
鳳梨半個
蘋果 1 個
奇異果 1 個

｡調｡味｡料｡

醬油 5 大匙
糖 2 小匙
水適量

｡做｡法｡

1. 將雞肉洗淨切成小塊備用。
2. 將鳳梨、蘋果和奇異果洗淨後切成小丁，蘋果清洗時可以菜瓜布清刷，以清除其表皮的蠟。
3. 熱鍋內加少許油，待油熱之後，把做法1的雞肉放入鍋內以小火略炒。
4. 將做法 2 的水果丁放入鍋中，加入醬油、糖和足以蓋過食材的水之後，蓋上鍋蓋煮 10 分鐘即可。

｡貼｡心｡小｡叮｡嚀｡

★水果可視個人喜好與季節做調整，加甘蔗同煮，效果也很好。

「新速實簡」的幸福料理

陳萬水。

燒一壺水點一盞燈，就有家的感覺

　　從國家劇院、各式餐廳到菜市場，甚至在街道上，只要看到親民黨主席宋楚瑜夫人陳萬水出現，總有熟識朋友或各界民眾圍繞在她四周，和她有說有笑，由此可見「萬水姐姐」的人氣指數有多高，她像太陽般光芒四射，並樂於將熱情與活力分享給周遭的人。

　　陳萬水的個性和生活都非常鮮活，這位典型的性情中人，活得充實精彩。愛笑又愛哭的「萬水姐姐」，表情豐富純真，遇到開心的事，她總是開懷大笑，並將歡愉的種子散播出去；看到悲慘事物時，她也會感同身受，哭得一把眼淚一把鼻涕。她說，可能是「萬水」這個名字水太多，所以她的汗腺和淚腺特別發達。

　　萬水姐姐說，她只是個平凡的女人，也樂於如此，在她的世界裡，家庭的重要性永遠擺在第一位。

　　她進一步表示，「安」這個字很有意思，因為家必須有女人才能安，所以女人對家的影響太大了，這也是她始終未接受眾人勸進直接參選的主要理由。

　　「如果宋楚瑜、宋鎮邁回到家，面對的是冷冰冰的家，想吃點東西、找個人說說話都找不到，我會覺得很失職。」陳萬水說，為家人點盞燈、開個伙，這是女人最大的責任，沒有任何東西可以取代。

　　萬水姐姐理想的家是每天都要開伙，她表示，當今許多職業婦女沒時間下廚，但即使不燒飯煮菜，也應該燒一壺水，因為家中開伙代表興旺。

自力救濟，尋找想念的家鄉菜

曾在美國留學並且工作過一段時間的陳萬水，受西方民主思潮的影響，視野開闊、行事開明；然而在生活上，陳萬水仍非常傳統，她把家打理得一塵不染、溫馨舒適，此外，她是位烹調高手，做菜又快又好。她認為，做菜很簡單，她很享受下廚的樂趣。

「我的母親很會燒菜，什麼菜看一眼就會做了，小時候幾個好同學常到我家吃飯，過了幾十年，她們對我媽媽做的乾燒鴨仍然回

味無窮。」陳萬水說，五個兄弟姐妹中只有小弟陳定中遺傳到母親天生的好手藝。在烹飪方面，她是介於「天才」和「愚笨」之間，主要基礎是在國外留學期間奠定的。

陳萬水說，當時一邊念書、一邊打工，還得帶小孩，每天像在打仗似的，為了搶時間，動作不快不行，因此，她做菜時的最大原則是便捷，但須兼顧營養，蔬菜和澱粉不可少。

經過觀察和實驗，她在那段期間發明了許多簡易好菜，包括筍燴香菇、蔬菜蛋、花椒雞等，所以辦桌請客對她來說，一點都不困難，經常是十幾道菜輕鬆上桌，叫好又叫座。

她並透露，宋楚瑜做的蝦丸湯味鮮料實，眾人讚不絕口，但宋楚瑜通常只在家中宴客時才露一手，主要是希望減輕她的負擔。

萬水姐姐並津津樂道她在留學期間自己學著做豆干、鹹蛋，當時美國找不到這些食物，愈沒有的東西愈想吃，只有「自力救濟」，把豆腐用砂布包緊後放入容器，再以重物壓縮，約一星期豆腐即成

豆干，但顏色偏白，可用醬油滷一下，就成為道地的豆干。

「一個人離鄉再久，離家再遠，他對家鄉食物的喜愛形成一種吃的文化，永遠不會改變，因為生於斯，長於斯，其味覺始終受其牽引。」陳萬水舉例說，出國多年的遊子，想到台灣的肉圓、麵線、肉羹，都會忍不住嚥口水。

她認為，世界上最好的食物是餃子，餃子不僅可口，有菜有肉，營養均衡；此外，餃子變化多，用煮、煎或蒸的都好吃。

有口皆碑的「萬水牛肉麵」

陳萬水表示，現在許多人都是外食人口，家裡根本不開伙，但每天在外解決三餐從健康和心理層面來看，都有很大缺憾，為家人做頓飯，不論好不好吃，畢竟意義不同，有家庭溫暖的感覺。不過，許多職業婦女非常忙碌，既要上班又要照顧家庭，較抽不出時間做太繁複的菜色，因此，「新速實簡」又成為現代烹飪的主流，她樂於把一些好吃簡單菜的做法與大家分享。

以筍燴香菇這道菜來說，做法很簡單，筍切成滾刀塊，香菇泡軟對切或切成四片，材料放入碗中，再以醬油、麻油和糖倒入碗內（醬料約三分之二碗），再放在電鍋蒸，電鍋的飯煮熟時，這道菜也蒸熟了。蒸熟的筍燴香菇，其醬汁還有其他用途，煎個荷包蛋，再以醬汁淋在荷包蛋上面，配稀飯和土司都很可口。她強調，筍含豐富纖維質，所以這道菜既美味又健康。

另外，蒸雞也是易學易做的佳餚，先把雞以沸水燙過血水倒掉，雞入碗內，鋪上白菜、生薑和蔥等，再加熱水隔水蒸熟即可。

花椒雞是陳萬水的招牌菜之一，雞以花椒、粗鹽炒香，再將其裡裡外外抹上蔥和薑片，放入冰箱醃，時間由四天到一個星期（視個人口味而定，喜歡吃肉質較硬者，醃的時間可以長一點），每天須把雞換個姿勢，使其每部分都能完全入味。醃好的雞蒸熟後，切成八塊，排成全雞的樣子，就是道色香味俱全的好菜了。

此外，陳萬水的牛肉麵也是有口皆碑，她常笑說，宋楚瑜沒工作也沒關係，因為她可以賣牛肉麵養他。

她提醒婦女注意烹調衛生，做菜時記得把手上的戒指取下，並把指甲內的汙垢清除乾淨，最好是不留指甲，以免菜餚受到汙染。

陳萬水一直扮演著好太太、好媽媽的角色，如今又多了好婆

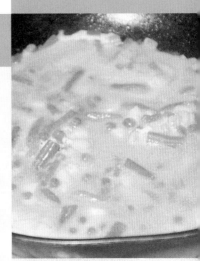

婆、好奶奶的頭銜。她認爲，被需要的女人最幸福。

萬水姐姐說，通常愛吃的人比較喜歡做菜，她就是這種典型。吃得飽，睡得足，對她來說，已經心滿意足。

「不管在人生哪個階段，我都很開心而且知足，每天吃得下，睡得好，沒有任何負擔。」陳萬水表示，她很喜歡有個朋友的座右銘「 Life is hard 」，雖然人生很苦，但仍能苦中作樂，只要認眞的活著，欲望少一些，苦的會變成甜。

萬水姐姐靠著這個理念快樂地過日子，把世界上的不完美，當成奮鬥努力的目標，砥礪自己不能灰心，更不要放棄。

速簡蔬菜蛋

。材。料
　　蛋4個
　　綜合冷凍蔬菜適量

。調。味。料。
　　鹽少許

。做。法。

1. 蛋去殼打成蛋汁。
2. 將冷凍蔬菜放入鍋中沸水中略煮一下，加少許鹽。
3. 待油鍋油熱後，即將蛋汁倒入，加入冷凍蔬菜燜煮。
4. 待鍋中蛋汁不會沾鍋時，將蛋把蔬菜包起來即可。

。貼。心。小。叮。嚀。

★用叉子打蛋汁比用筷子打的效果更好，因爲叉子有好幾個腳。

★冷凍蔬菜可在超市購買袋裝的。

元氣私房菜

「You are what you eat.」

王圭容。

用一場午餐時間談戀愛

當外交官夫人很不容易，得有三頭六臂，才能稱職扮演外交官的賢內助。前外交部長簡又新夫人王圭容熱情、開朗、親切的特質，令人印象深刻。

簡又新、王圭容彼此欣賞、鶼鰈情深，結婚多年，還像在談戀愛。擔任公職期間，簡又新偶爾會在繁忙緊湊的公務行程中抽出一、兩個小時，和妻子來個「午餐的約會」，兩人手牽手一起到餐館吃頓精緻又清淡的美食。

由於簡又新喜歡清淡口味的食物，王圭容在家掌廚時，也以魚類等海鮮為第一優先選擇。不過，當在海外念書的兒女回台度假時，王圭容不會忘記做些孩子們愛吃的爐排骨，這道菜色香味俱全，令人垂涎三尺，吃到嘴裡更是齒頰留香。

王圭容表示，爐排骨這道菜是向台北一家著名上海菜館師傅學來的，這道上海菜有大派之風，請客、自用兩相宜，最重要的做起來並不困難，又總能贏得滿堂喝采，讓掌廚者很有成就感。

王圭容從小到大，成績一向名列前茅，而且是學校風雲人物，她由北一女中、台灣大學畢業時，都被學校選拔出來代表當屆畢業生致答詞。

通常功課好的學生對家事課比較沒興趣，王圭容是個例外，她很喜歡上家事課，十八般武藝樣樣不含糊，尤其是烹飪技巧，因為她喜歡做東西給別人吃，王圭容於北一女念書期間，學會做冰淇

淋、椰子塔、咖哩餃等點心。

結婚後，王圭容學做蘿蔔糕、年糕和許多家常菜。

「做菜一點都不難，最重要的是要有興趣。」王圭容說，烹調是一種藝術，從選料開始到最後裝飾，都得要有美術的概念，中國人所謂的色香味俱全，其實就是美的結合，而她對美的事物一直都深深著迷。

生活環保的實踐家

簡又新擔任駐英代表期間，王圭容對英式下午茶作了深入研究，她表示，正統的英式下午茶對器皿、點心配置和茶葉種類等都非常講究。此外，在英國期間，王圭容並且學會了英式烤牛排、炸魚和炸馬鈴薯等菜。

王圭容注重食物養身，「You are what you eat」，小時候是父母給我們身體，長大以後，你吃了什麼就會成為什麼。她強調，少吃肉、少吃炸的食物，是食物養生的基本觀念。

王圭容是「生活環保」的實踐家，近年來她在環保公益社團界很活躍，擔任綠野仙蹤協進會理事長、女青年會董事期間辦了幾場大型環保活動，從淨灘、撕小廣告、廚餘減量利用到掃街，每項活動都得到很大回響。

「我一直很節儉，買東西的原則是貴的不一定好，而且秉持物盡其用原則，家具用了幾十年，傳真機也有十幾年歷史，連一張紙如果有一面空白就不會丟棄，環保其實就是生活。」王圭容說。

她對於國內垃圾廚餘量的比率達百分之三十五感觸很深，「先進國家很少像台灣家庭每天都在倒垃圾；如果家庭廚餘能善加處理，那麼一星期只需要倒一次垃圾，這對延長掩埋場和焚化爐的壽命、減少社會成本都有正面的助益。」王圭容說，廚餘最好的歸宿是再生利用，日本政府補貼民眾購置廚餘處理器，廚餘倒入機器製成粉狀肥料，可為植物施肥。

互補的性格，互相陪伴的人生

王圭容和簡又新都是台大學子，簡又新比王圭容高一屆，兩人並分屬不同學院，簡又新是工學院學生，王圭容則在法學院念法律系。王圭容表示，簡又新不但書念得很好，而且個性穩重、務實與誠懇。

兩人交往後，簡又新不管在哪裡，包括在海軍服役期間，幾乎每天都會打電話給王圭容，並且經常寫信。「他的文筆流暢，很會寫信，信的內容頗有內涵，而且可以看得出很有耐心、恆心。」王圭容說。

步出台大校門後，王圭容先申請到美國紐約大學獎學金，簡又新退伍後也向多所美國著名學府申請獎學金，結果每個學校都給他獎學金。為了王圭容，簡又新也選擇至紐約大學深造，攻讀航空及太空工程。兩人於一九七○年在美國結婚。

王圭容原沒料到學工程的另一半會當教授或公務員，但世事難料，他們學成歸國後，簡又新於民國六十三年至七十二年擔任淡江大學教授，後來以清新的學者形象參選立委成功，從此踏上從政之路。

簡又新曾任環保署長、交通部長、駐英代表、總統府副秘書長和外交部長等要職，王圭容始終是他的精神支柱，並對他做無微不至的照顧。

王圭容活潑，簡又新內斂，兩人個性雖有差異，卻頗能互補，所以感情很好。

人生如果可以重新來過，他們仍然會選擇對方廝守終身。

爌排骨

∘材∘料

腩排 2 斤左右
洋蔥 2 個
綠色花椰菜（或
青江菜）少許

∘調∘味∘料∘

醬油約 1/6 瓶
紹興酒約 1/6 瓶
水適量
冰糖 1 大匙

∘做∘法∘

1. 腩排汆燙後備用。
2. 洋蔥切絲，用熱油略炒，墊為鍋底。
3. 將做法 1 汆燙後的排骨放入鍋內，加醬油、少許鹽和紹興酒，以及適量的水。
4. 將做法 3 的材料以中火燜煮，待水滾後改為小火燜煮約兩個半小時。
5. 在排骨肉起鍋前 15 分鐘放入冰糖。
6. 將花椰菜以滾水煮熟，再以涼水略沖後，搭配在排骨四周。

∘貼∘心∘小∘叮∘嚀∘

★腩排先請肉販把骨頭略為敲打，但不要敲斷，如此排骨燜煮後才不致捲起來。另外，據其經驗，統一四季醬油最適合做這道菜。

清爽的涼拌哲學
朱俶賢。

用簡單的心，做簡單的菜

　　前行政院長蕭萬長夫人朱俶賢樂觀開朗，每天笑口常開，很少因煩憂的事情而壞了心情。在做菜方面，她也表現這方面的特質，速戰速決，避免做麻煩的菜。

　　「飲食方面，我們愈吃愈清淡，盡量避免油膩，所以做菜也變得更簡單。」朱俶賢說，以早餐來說，他們皆以蔬菜、麥片為主。她並打趣地說，現在別人請她吃飯，最好食物不好吃，因為吃美食往往過量。

　　蕭萬長從事公職數十年，從國貿局長、經濟部長到行政院長，始終神清氣爽，精力充沛，許多人都很好奇，他是怎麼做到的？答案很簡單，他的賢內助朱俶賢功勞最大，朱俶賢把他照顧得無微不至。

　　朱俶賢有道食補秘方——「雞液」，是滋補聖品，喝完以後可以

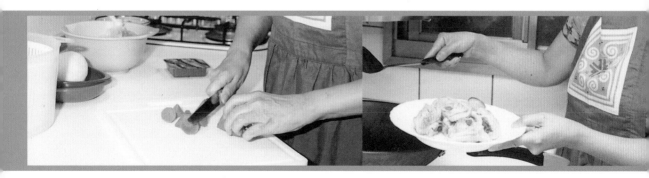

迅速恢復元氣，她經常會做「雞液」給蕭萬長補身體。

她表示，「雞液」做法很簡單，買隻土雞，請雞販把雞拍碎，連骨頭也拍碎，接著準備一只兩層鍋，雞和薑片放在上層鍋內，下層鍋放個碗，採隔水蒸的方法，讓蒸出的雞汁由上層滴到下層碗內。通常一隻雞只能蒸出一碗雞汁，雞肉則會變得沒有味道，所以只要喝雞的精華「雞液」就夠了。

另一方面，朱俶賢也是精力湯的忠實擁護者，素材並不固定，隨季節而變，她會選擇幾種當令蔬果，洗淨後榨汁即成精力湯。

「有些朋友很驚訝我會作菜，我總是回答說，如果我不下廚，兩個女兒是怎麼養大的？」朱俶賢說，孩子小的時候，她常會滷個肉，再炒兩個菜，就可以開飯了。

吃得下就是營養

朱俶賢表示，以前蕭萬長公事很忙，她常需要和蕭萬長在外應酬，她會先為孩子做道咖哩雞，再煮一鍋飯，孩子放學回家後，只要把咖哩雞加熱後，再澆在飯上吃即可以，不僅方便，也能兼顧營養和美味。

她常記得母親說的一句話「吃得下的就是營養」，從小不挑食的她，坐月子時也沒有特別進補，有什麼吃什麼；蕭萬長吃得更簡單，他和兩個女兒都是標準的「好養一族」。此外，蕭萬長夫婦都是嘉義人，飲食口味相當接近。朱俶賢玩笑地說，或許是這幾項因素加起來，使得她作菜都不會進步。

這只是朱俶賢的客氣話，事實上，朱俶賢很努力學習，在烹飪技巧上不斷精益求精，結婚幾年後，就見大廚水準。她的原則是

「不做麻煩的菜」，滷一鍋肉，炒兩樣菜，就是一頓好料理。

像近來流行水果入菜的趨勢，就深得朱俶賢的心。她認為，水果涼拌菜吃起來既清爽又沒有負擔，請客也很大方而不落俗套。例如，夏天盛產蓮霧，她常以蓮霧涼拌海哲皮，許多朋友嘗過後都會驚艷原來蓮霧和海哲皮這麼「MATCH」。

用各國美味記憶每一場旅程

由於蕭萬長偏愛吃魚，所以朱俶賢在烹魚方面下了很多功夫，對於虱目魚、鯧魚、黃魚的料理都是一級棒。婚後她和婆婆學了幾招，即是把虱目魚魚肚挖空，再以肉末塞進魚肚內蒸；而魚頭就和薑片一起煮湯。還有一種做法，是把醃大黃瓜切片，虱目魚以油略煎後，再和醬油、水和醃過的大黃瓜片煮熟即可。

朱俶賢印象中比較大的挑戰是蕭萬長擔任外交官期間，領事館在節慶時經常辦餐宴，她和幾位外交官夫人需要做自助餐招待客人。「當時我才廿四歲，大學畢業不久，和蕭萬長到馬來西亞後，我抱著學習精神，跟著其他比較資深的外交官夫人學做菜，使我獲益匪淺，因此，後來有機會需要舉辦大型餐會時，我也不致於慌慌張張。」

朱俶賢喜歡旅遊，蕭萬長逐步淡出政治圈後，她和蕭萬長這對快樂雙人組，常和幾位好友一道出國旅遊、打高爾夫球，沒有壓力的玩樂特別盡興。旅遊期間，朱俶賢偏好吃些有當地特色的菜，並且研究相關做法，回國後再嘗試著去做，她認為，做出來的東西或許不如國外那麼道地，但這是她重溫旅遊美好回憶的最好方式。

咖哩雞

◦材◦料　　　　◦調◦味◦料◦

雞腿 2 支　　　日製咖哩醬 4 塊
胡蘿蔔 1 條　　麻油少許
馬鈴薯 1 個
洋蔥 1 個

◦做◦法◦

1. 雞腿切塊，胡蘿蔔和馬鈴薯切成滾刀塊，洋蔥切塊。
2. 鍋中放少許油，將做法 1 的雞腿塊略炒後盛起。
3. 將做法 1 的洋蔥放入熱鍋中炒軟，再加入胡蘿蔔和馬鈴薯快炒。
4. 把做法 2 的雞腿肉再放入鍋內，加些水，倒入咖哩醬後，炒翻一下即可將鍋蓋蓋上，燜幾分鐘，至雞腿肉熟爛了即可食用。

◦貼◦心◦小◦叮◦嚀◦

★日式咖哩醬已有鹽，因此，這道菜不需要再加鹽。

蓮霧涼拌海哲皮

◦材◦料　　　　◦調◦味◦料◦

海哲皮 1 張　　鎮江醋 1 大匙
蓮霧 2 顆　　　鹽少許
香菜少許　　　糖少許
　　　　　　　麻油少許

◦做◦法◦

1. 海哲皮泡水約半天後瀝乾切絲。
2. 蓮霧切成對半，再切片，用冰水浸泡一下。
3. 將做法 1 的海哲皮拌入鎮江醋，加少許鹽、糖和麻油入味。再把做法 2 的蓮霧拌入，點綴些香菜即可。

將美味與愛
包起來
李慶安。

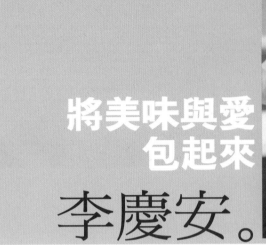

做菜，可轉換壓力也可表達愛意

立法委員李慶安一向是個乖乖女，從小品學兼優，長大後在事業和家庭方面都表現亮麗。擔任民意代表期間，多次被評選為「最優立委」，雖因舔耳案摔了一跤，但許多民眾都以寬容心態鼓勵她重新出發，做更好的表現。

李慶安在職場上衝鋒陷陣，勤於問政，私底下她是一位體貼細膩的女兒、好太太、好媽媽，無論扮演什麼角色，她都做得很好。由於平日工作忙碌，無法抽出太多時間給家人，所以李慶安格外珍惜和家人相處的機會，也就是「重質」甚於「重量」。

每到假日，即是李慶安在廚房大顯身手的時候，做事一向俐落的她，用不了多少時間，就能把色香味俱全的佳餚輕鬆上桌，先生和孩子總是說讚。

做菜對李慶安而言，是她轉換工作壓力，表達對家人愛意的最佳方式，因此，廚房是她家中的殿堂和舞台，她在付出和回饋之間，獲得最大的滿足。

李慶安出身政治家庭，父親李煥曾經權傾一時，擔任過行政院長、國民黨秘書長、教育部長等職，母親潘香凝曾任國大代表，大哥李慶中曾任環保署副署長，二哥李慶華擔任過多屆立法委員。李慶安雖

荷葉粉蒸排骨

。材。料。

乾荷葉 2 大張
五花排骨肉（瘦
多肥少）1 斤
蒸肉粉 4 包
棉布 1 張
棉繩數條

。調。味。料。

胡椒粉適量
醬油適量
蠔油少許
米酒少許
麻油少許

。做。法。

1. 乾荷葉用水浸半小時，以菜瓜布輕刷乾淨後，用熱水燙一下擦乾備用。
2. 將五花排骨肉切成兩寸長，用刀背拍擊數下。
3. 將做法 2 的五花排骨肉以調味料（除麻油外）醃泡 2 小時，並隨時攪拌調味醬汁，使其均勻。
4. 將做法 3 所醃好的肉，沾麻油和蒸肉粉備用，此時最好以棉布蓋住醃肉約 10 分鐘，避免蒸肉粉掉落。
5. 以荷葉和棉繩將做法4的醃肉包起來，包肉時不可太鬆，也不可太緊。
6. 蒸鍋裡準備好煮開的水，放入做法 5 已用荷葉包好的醃肉，蒸約 40 分鐘即可。

。貼。心。小。叮。嚀。

★醃肉時避免放入冰箱，使其肉質不變硬。
★蒸肉過程中，不可加冷水，如需加水必須加熱水。

是家中么女，卻毫無驕氣，從小獨立，做自己該做的事，而且盡力把事情做好，從不讓父母操心。個性加上家中環境使然，李慶安的從政之路走得比一般人順遂。

對李慶安來說，「治大國如烹小鮮」，她認為，無論做什麼，準備工作和專業知能必須兼顧。「機會永遠留給了充分準備的人」，有準備才會有好的表現，不致倉皇失措或手忙腳亂。此外，今天是專家的時代，各行各業即使在家做個專職家庭主婦，都需要有專業知能，才能展現效率。

用包容與愛來對待食物

「以烹飪來說，不少婦女很怕進廚房，其實只要抓住竅門，並做好事先準備工作，做菜並不困難。」李慶安說，她的經驗是須掌握三項原則，「料好、味鮮、火候足」。材料會影響菜餚的品質，所以要慎選質精的材料；調味與火候也是成敗的關鍵，必須恰到好處，避免過猶不及。

由於父親是南方人，母親是北方人，李慶安對食物的包容和喜愛程度相當廣，南北通吃。結婚後，李慶安跟著很會做菜的婆婆學了許多好菜。

「我的福氣好，婆婆像是烹調的活字典，不懂的問她準沒錯。她做的粉蒸肉是我吃過最棒的粉蒸肉，餐館做的粉蒸肉通常肉比較乾，婆婆自行研發的結果使得肉多汁又可口。」李慶安表示，粉蒸

蠔油牛肉

◦材◦料

牛肉（無筋全瘦）半斤
芥蘭菜 4 兩
蒜片適量
辣椒 1 根（切段）

◦醃◦料

蘇打 1/2 小匙
糖 1 小匙
醬油 1 大匙
太白粉 1 大匙
清水 3 大匙

◦調◦味◦料◦

熱油適量
蠔油 2 大匙
水 1 大匙
糖 1 小匙
太白粉 1/2 小匙
醬油少許
米酒適量

◦做◦法◦

1. 牛肉以橫斜法切成一寸半四方的大小薄片。
2. 將做法 1 的牛肉薄片以醃料醃半小時以上。
3. 芥蘭菜取用嫩心部分，川燙半分鐘後以冷水沖涼，再過油熱炒，最後放入蒜片和辣椒段炒後盛出。
4. 做法 2 的牛肉薄片在下鍋前，放些熱油或麻油略拌。
5. 將熱油放入鍋中後，先將做法 4 的牛肉薄片，炒約五分熟即盛起，再以原來的油爆香蔥、薑後，倒入剛盛起的牛肉薄片。
6. 將其餘的調味料（除米酒外）放入做法 5 的鍋中，灑些米酒，牛肉八分熟即離鍋盛出，鋪在芥蘭菜上。

◦貼◦心◦小◦叮◦嚀◦

★牛肉爆炒時注意速度，不要使肉質變老而減弱口感。

肉這道菜很合孩子的口味，營養也夠，做媽媽的值得學一學。

李慶安很注意正在青春期孩子的營養，爲了讓小孩開胃，她做菜時會注意變化口味，經常做義大利麵、漢堡等，把美味和愛心包在一起。她認爲，做西餐比做中國菜還簡單，又能讓孩子有新鮮感，家庭婦女可以列入考慮。

讓飲食與生活都更清淡一些

李慶安在美國留學時，住在學生宿舍，和大家一起包伙，她印象最深的是美國人什麼菜都生吃，連豆角也生吃，當時覺得這種吃法很沒有文化。直到她進入立法院以後，才警覺到生食、不過度烹調的健康飲食習慣的重要性。

原本很喜歡吃牛排的李慶安，這兩年作了很大調整，轉爲清淡爲主的飲食。「做立委因爲運動少，應酬多，對身體的負擔較重。有一次做身體檢查，發現膽固醇稍高，醫師建議我要改變飲食習慣，切忌太油太膩的食物。營養師也說，每個人每天攝取食物的份量應早晚倒過來，早上多吃點，晚間少吃點。因此，我現在已經很少應酬，非得跑場時也只是去一下就走，不坐下來吃。」李慶安透露，現在她的三餐是早上兩片土司、蛋白和水果，中午吃炒蔬菜加優格，只有晚餐才吃米飯和澱粉類食物都吃。

李慶安並說，烹煮食物時要注意少炸、少炒、少油等原則。

李慶安常受邀到電視做菜，從她做菜的步驟、程序，就知道每次她都有充分準備，只見她按部就班在很短時間內做好上菜，讓人折服。

遊走飲食與治學之中
夏惠汶。

拿教育做實驗的老頑童

開平中學董事夏惠汶辦教育的方式獨樹一格，作風開放，並以多種實驗手法嘗試讓教育更活潑有趣。開平中學在這位自比「教育老頑童」的領導下，展現出驚人的爆發力，開平餐飲科學生在各項烹飪或烘焙大賽中屢獲大獎。

永遠一襲唐裝，曾任開平多年校長的夏惠汶可不是個老古板，雖然穿著很中國，他的治學理念卻相當西化。夏惠汶每天都嘻嘻哈哈地和師生打成一片，與其說他在辦教育，不如說他在「玩」教育。不過，嘻笑之間，夏惠汶很有方向感，他知道自己在做什麼，也很清楚怎麼做對學生最好。

「父親創辦開平中學，每天上午五點鐘就到校，勤奮不懈，以作育英才為一生職志。我也自開平畢業。但中學階段，我的叛逆性格很強，是學校的問題人物，常在學校被父親罰跪，只因為背不出英文，他非常注重英語，要求學生每天背誦英文，其實對我來說不算困難，我卻不想讓他高興，所以寧可罰跪也經常不背英文。」夏惠汶說，他的父親非常嚴謹，對他的教育態度也是如此，他在潛意識中很想反抗，或是消極地不合作。

由於曾經是個狂放不羈的少年郎，夏惠汶對青春期學子的想法和舉止總能有「同理心」。十餘年前，他接下開平中學校長職務後，即結束原有的個人事業，全心投入開平校務工作，他一改學校長久以來沈悶的學風，注入了許多活力與人文精神，並採取走動式管

理，開平中學逐漸地脫胎換骨，展現活潑創新的氣象。

「開平中學沒有設置導師，而以平台對話，讓師生皆有強烈參與感，我的經驗是你愈了解學生，愈對他們有信心，他們的發展也愈好。」夏惠汶說，今天國內教育最大問題在於形塑化，聯考制度沿襲著科舉制度餘毒，採取單一標準選才，無法多元展現學子的才情。

玩一場宴會，進入餐飲中心世界

十幾餘年來，他的教育方針是「讓孩子做自己」，還原真我，學生在開平中學三年之中可以隨性，學校不勉強他們要怎麼做，學子感覺非常自在；但這不代表學校放棄學生，學校盡可能提供最好的學習環境，以餐飲設備來說，學生放學後晚間也可使用，校方不會設限，由於學校表現絕對的真誠，在此情況下，學生很少選擇放棄學習。因此，學校餐飲實習大樓幾乎每天晚間都燈火通明，學生經常都是被家長或老師催著回家才離開學校。

開平餐飲科並採取主題式教學法，打破原有學科的藩籬，以主題為核心，讓學生同時作多面向的學習。例如，要學生辦一場宴會，學生從企劃、電腦繪圖、文學、美工、預算、數學、食品營養等都要兼顧，才能順利交卷。

開平中學對國內餐飲教育貢獻很大，該校開風氣之先，設置餐飲科，當時許多人對夏惠汶這項創舉十分質疑，夏惠汶卻看到璀璨的未來，他堅持走在這條人煙稀少的道路，一步一腳印，如今，隨著周休二日制度實施，休閒娛樂事業發達，國內餐飲學校如百花齊放，頓是成為一門「顯學」。

夏惠汶強調，餐飲教育不能缺少人文薰陶，層級必須不斷昇華，由吃得飽到吃得好，再由吃得好到吃得健康。

為了推動廚師證照制度，夏惠汶身先士卒報考丙級廚師執照，但考了三次才取得這張得來不易的證照，身為餐飲學校校長，不僅未獲任何優待，反而更加辛苦。

「學校許多老師都不希望我通過這項考試，因為校長有證照，對老師來說是種無形的壓力；此外，評審也對我特別嚴格，所以我第三次參加考試時刻意隱瞞身分，以平常心應考，才勉強過關。」夏惠汶說，廚師證照考試要在三個小時之內做出六人份的六道菜，而且

魚香肉絲

○ 材 ○ 料

肉絲 4 兩
紅辣椒 1 根
蔥 1 根
涼薯末 1/2 兩
木耳末 1/4 兩
蒜茸 1/4 兩
薑茸 1/4 兩

○ 醃 ○ 料 ○

醬油 1/4 大匙
糖 1/8 大匙
太白粉水 1/4 大匙

○ 調 ○ 味 ○ 料 ○

清油 2 大匙・辣豆瓣醬 1.5 大匙・白糖 1/4 大匙・
雞湯 2 大匙・太白粉水 1/4 大匙・白醋 1/4 大匙・
麻油 1/8 大匙

○ 做 ○ 法 ○

1. 肉絲切好，用醃料醃 10 分鐘備用。紅辣椒切末；蔥切花。
2. 鍋子燒熱後倒入油，將做法1的肉絲炒熟後盛起。
3. 將其餘材料（除了蔥花外）及調味料放入鍋中快炒。
4. 再將做法 2 的肉絲放入拌炒，最後撒下蔥花即可。

衛生、營養的標準很高，由此可知這張丙級廚師證照確實得來不易。

讓廚師成為一個尊崇的行業

夏惠汶做什麼事都信心十足，對中餐、西餐都很有把握。小時候，夏惠汶跟著母親學做四川菜，長大後到美國、澳洲留學期間，為了節省開支，盡量不在外邊餐館用餐，於是自己學做牛排等西餐料理。他表示，做菜最困難之處在於要把複雜的事物組織起來，必須訓練思考邏輯。

他認為，外國廚師地位崇隆，偶爾還會走出廚房和顧客打招呼；受士大夫觀念影響，中國廚師大都不認為這個行業是被尊重的一群，自覺卑下，也沒有信心。「國內餐飲教育逐漸蓬勃後，觀念已有所突破，廚師的定位愈來愈清楚且受肯定。」

夏惠汶指出，有句話說「三代富才懂得吃」，可見飲食文化是中國文化的重要一環，極具內涵和意義。但中國菜至今不能和精緻的法國菜平起平坐，可能有幾項因素：一、普遍缺乏寬廣的胸襟，廚藝精湛的廚師習慣留一手，不把絕活完全傳授出來，這與國外一有重大發現即儘快公諸於世的做法相去甚遠。二、中國菜的做法不明確，食材和調味料的分量經常是「少許」、「適量」，說得不夠精確。三、中國菜缺少有清楚數據的標準食譜，烹煮過程也比較不注重衛生。

儘管如此，夏惠汶對於中國菜登上世界頂尖美食殿堂仍持樂觀態度，他認為，只要大家願意敞開心胸，將飲食文化去蕪存菁，中國菜的潛力無窮。

竹笙百果

。材。料

薑片 1 大匙
蔥段 2 小匙
百果 3 兩
竹笙（泡水脹發後）1.5 兩
綠色葵花菜 2 兩

。調。味。料。

清油 1 大匙
鹽 1/4 大匙
糖 1/4 大匙
清水 1/4 大碗
雞湯 1/2 大碗
太白粉水 1/2 大匙

。做。法。

1. 鍋子燒熱後倒入 1/2 大匙清油後，爆香薑片及蔥段。
2. 將其餘材料及調味料（除太白粉水外）放入，以小火燒煮 3 分鐘。
3. 將做法 2 的所有材料，用太白粉水勾芡即可。

。貼。心。小。叮。嚀。

★百果需先蒸熟，綠色葵花菜須修掉黃葉，留下直徑約 1～2 公分的綠葉部分。

用美食演奏
生活樂章

莊淑楨。

用一池浴缸養一畝綠田

　　司法院長翁岳生家中有間浴室的浴缸平時並未使用，裡面總放了一只綠色塑膠箱子，細細的綠芽不時冒出，顯得生機蓬勃，那是翁岳生太太翁莊淑楨種的愛心苜蓿芽。

　　「我們家苜蓿芽的用量很大，自己種的比較乾淨、衛生。」莊淑楨說，種苜蓿芽是為了替先生做三明治，翁岳生每天帶一個三明治當午餐，莊淑楨做的營養三明治是由兩片全麥麵包夾西洋生菜（萵苣）、一片鮭魚或鱈魚等較無刺的魚和苜蓿芽。由於經驗豐富，莊淑楨已是種植苜蓿芽的高手，一年四季，家中都有新鮮的苜蓿芽。

　　莊淑楨表示，翁岳生不挑食，每天中午在辦公室吃家裡帶去的三明治和水果，從不覺得需要改變，他認為三明治營養足夠又方便，吃完午餐還有時間可以午休片刻，下午工作時精神更好。

　　從台大教授、大法官到司法院院長，翁岳生在學術、事業領域能夠全心投注，以致成就可觀，最大後盾無疑是他的好太太，莊淑楨把他的生活照顧得無微不至，尤其是他的胃，正因如此，當莊淑楨不在家時，翁岳生就不知道該吃什麼。

　　有一回，莊淑楨參加司法院舉辦的兩天自強活動，翁岳生因公務在身，只能第二天再趕去參加活動。莊淑楨第一天出門前，翁岳生忍不住問她隔天上午他的早餐吃什麼，莊淑楨啞然失笑，其實她早已把營養早餐準備好放進冰箱，翁岳生起床後只要微波半分鐘就

有東西可吃了。

替孩子做一個生日蛋糕

　　莊淑楨是全方位的烹調高手，從中餐、西餐到烘焙點心，樣樣精通，莊淑楨說，這都是婚後鍛鍊出來的，只要肯學、用心，天下無難事。

　　「我念書時，在家裡也是個大小姐，家事都由媽媽一手包辦，等到我結了婚，而且和先生到德國留學後，什麼事情都得自己做，小孩生下後，照顧嬰兒、坐月子也都沒有幫手。」莊淑楨笑說，環境真的會改變一切，何況人的潛能無窮，她比別人佔優勢的是大學念的是家政系。

　　「考大學時，我的志願是師範大學數學系，結果因為分數不夠，而進了師大家政系，後來想想我很慶幸念的是家政系，因為學校學的理論，對日後實務操作有很大幫助。」莊淑楨說。

　　當年她隨翁岳生到德國深造，為了讓翁岳生專心攻讀博士學位，她扛起了所有家務，當孩子生下後，替軟綿綿的孩子洗澡，一點也不會手忙腳亂。莊淑楨說，把學校教過的理論用在實務上確能收事半功倍之效。幾年時間，她已練就了十八般武藝。

　　她記得當時德國的西點烘焙已非常進步，德國的家庭主婦幾乎都很會做糕點，於是莊淑楨就近學習烘焙西點，她學得又快又好，一、兩年後已是烘焙高手，三個孩子小時候的生日蛋糕都是她親手做的。

　　那時候國內烘焙業不發達，也很少人會教授這方面課程，所以莊淑楨回國後，立即被實踐家專延聘開設家庭管理和烘焙課程，莊淑楨上課認真，態度親切，授課內容兼顧理論和實務，所以深受學生歡迎。莊淑楨教到六十五歲退休，實踐大學仍情商她繼續兼幾堂課。

　　莊淑楨是位相當傳統的女性，結婚至今她沒請人在家幫忙，每天做三餐，工作再忙，也不忽略家庭，只會更注重時間管理和家務效率。她一直有習慣在冰箱上貼許多紙條，寫著準備添購的鹽、酒等調味料以及家庭日用品，下次到超市或商場購物時就會帶著這些紙條把所需的用品一次買足，十分方便，也不會遺漏什麼東西。

　　莊淑楨廚藝精湛，翁岳生也有功勞，翁岳生在德國攻讀博士學位期間，有感於單身的台灣留學生乏人照顧，所以經常請他們來家裡作客，莊淑楨每次都挖空心思做好菜招待客人，久而久之，莊淑楨的拿手菜愈來愈多，留學生圈子對此津津樂道。

招牌好菜蔥燒鴨，抓住德國友人的心

　　翁岳生回國服務後，德國友人來台灣訪問時，也常成為翁家的座上客，莊淑楨說，「德國人請客最有誠意的方式，是請客人到家裡吃飯」。為此，莊淑楨研發出一道特別菜「蔥燒鴨」招待德國貴賓。

　　「德國人很少吃鴨子，對蔥燒鴨這道菜很好奇，吃過後都讚不絕口，所以每次有德國客人來家裡吃飯，我都會做這道菜。」莊淑楨表示，這道菜雖然比較費時，但在以小火燜煮時，我只要設定好定時鐘，就不需要守在爐火旁邊，可利用時間做其他事情。

　　莊淑楨蔥燒鴨，不僅德國人喜歡，親朋友好也連聲說「讚」。一向誨人不倦的莊老師，樂於把自己做菜心得與他人分享。

　　擅於做菜的女主人，無疑是家中的「寶」，全家都會很幸福。媽媽的味道最令人懷念，在許多人記憶裡，山珍海味都比不上媽媽的菜可口，就像是聖經一樣至高無上。

　　莊淑楨的大女兒，結婚後定居美國，儘管她已烹調高手，仍然三不五時打電話回台灣請教媽媽，某道菜該怎麼做，因為她希望表現出莊淑楨拿手菜的精髓。

　　「做菜技巧大都靠經驗的累積，火候、時間尤其重要，這不是看著食譜或老師教就會的。」莊淑楨表示，做菜不要怕失敗，因為練習是進步的基石。

　　在嘉義縣義竹鄉長大的翁岳生，因外公在布袋鎮新塭養虱目魚，從小就常吃虱目魚。幾十年都吃不膩，所以翁家晚餐一定有魚。莊淑楨大都採蒸的做法，力求清淡，以免太重的油和味精影響健康。

　　很會做菜的賢妻良母，是家中「鋼琴師」，在其巧手揮灑下，生活有如一曲曲動人的樂章，全家都「粉」幸福。

　　翁岳生就是這句話的最佳見證人。

蔥燒鴨

◦材◦料

鴨子1隻（約3
斤不帶頭和腳）
蔥1斤
薑2塊
割包（或銀絲
捲）10～12個

◦調◦味◦料◦

鹽2小匙
酒2小匙
胡椒少許
醬油8大匙
冰糖1.5大匙
辣椒1條
八角3～4粒
水適量

◦做◦法◦

1. 將鴨子表面與肚子內部洗淨，以鹽、酒和胡椒把鴨子表皮與肚子裡面抹一遍，肚內塞入4～5根蔥和1塊薑後，將醃好的鴨子放置在室溫處約2小時。

2. 用醬油把做法1的鴨子外表抹一遍，可使鴨子炸起來顏色比較漂亮。

3. 熱半鍋油，將做法2醃過的鴨子放入鍋中油炸，炸至鴨子變色後取出。

4. 把鍋內的油倒出，將其餘的蔥與薑置入鍋中後，再將鴨子放入，放進適量的胡椒、薑1塊，最後再放醬油、冰糖、辣椒、八角和適當的水（水以能蓋住鴨子為原則）。

5. 鴨子在鍋中先以中火煮開，待水沸騰後再改以小火，燜煮約1小時後將鴨子翻身，再以鍋內醬汁淋一遍鴨身。

6. 1小時之後，將鴨子再翻身一次。共燒煮約2～3小時後即可關火，食用時配以銀絲捲或割包。

◦貼◦心◦小◦叮◦嚀◦

★鍋中油熱才把鴨子放入油鍋炸，鍋內油的溫度可用筷子置入測試，若有泡泡產生，即代表油的熱度已夠。蔥可以多放一些。

★鴨子油炸時避免多次翻動，使鴨子外表破損。

私房滷肉闖天下

戴勝通。

一口破英文勇闖五大洲

　　三勝製帽董事長戴勝通一家三兄弟都是董事長，戴勝通白手起家，建立帽子王國——「三勝製帽」；二弟戴勝益、三弟戴勝堂分別投入牛排和活蝦事業，也都做得有聲有色；不過，勝益和勝堂從事的雖是餐飲業，卻鮮少下廚，唯有戴勝通喜歡上菜市場買菜、做飯，他做的滷肉，吃過的人都說好，並且忍不住再來一塊。

　　戴勝通學歷是高中畢業，但能力、努力和意志力卻彌補了學歷的欠缺，退伍後，跟著父親學做帽子加工，創業時只有六名員工，三十年來，他全力以赴、毫不怠懈，締造了「帽業奇蹟」，美國POLO帽子百分之九十是三勝做的，公司一年盈餘可達數億元。如今，戴勝通領導著台灣一百零七萬家中小企業，他說的話一言九鼎，影響力甚至到達最高領導階層。

　　創業初期，戴勝通以他一口破英文勇闖世界五大洲，硬著頭皮和外國人打交道，由於膽識夠、不怕難，終於逐漸克服障礙，英語會話愈來愈流利。此外，戴勝通對於品管要求嚴格，經不斷研發與改良，三勝的帽子已成為品質的代名詞，在世界屬一屬二。

　　戴勝通的人生觀是「當你各方面條件均不如人的時候，唯有比別人更努力，才能走出自己的人生路」。

　　「我的創業過程等於是台灣經濟奇蹟的縮影，能有今天的成就，除了珍惜，也很感激。」戴勝通表示，生命中兩大支柱是父親和妻子，老爸引領他跨入製帽這一行，太太王娟是他的賢內助，和他共

同打拚，把事業、家庭都照顧得很好。

戴勝通懂得感恩，他在三勝製帽董事長辦公室安置了兩張偌大的董事長辦公桌椅，並不是該公司有兩位董事長，而是一張辦公桌椅是為他的父親準備，老人家生前一個月左右會從台中到台北公司走走，戴董為他準備一套辦公桌椅，是要讓父親至公司「視察」時覺得受到尊重，分享他的權利與榮耀，也希望老爸經由偶爾到公司走動而能使身體更加硬朗。

做菜祕訣，只有一個「愛」字

對於牽手王娟的感謝，戴勝通不僅僅用說的，並且還付諸實際行動。

戴勝通經常向友人提到他的另一半非常克勤克儉、溫柔敦厚，而且對他完全信任。「台中大甲的工廠、我的雙親都要靠她照顧，凡事她都打理得好好的，不需要我操心。我廿九歲那年隻身到台北，近三十年來，我們一個星期頂多只有兩、三天在一起，但是她從不打電話查勤。」戴勝通說，有時連他都不免好奇，太太難道一點都不擔心台北的燈紅酒綠，戴勝通有一次問起王娟，她的回答是「你是有良知的，壞不到哪去。」這句話讓戴勝通銘記在心，他以嚴謹的私生活回報信任他的妻子。

每個周末假日，戴勝通無論在台北或台中，他和太太總是相偕去運動和買菜，他們非常喜歡到傳統市場，因為傳統市場的貨品比較齊全。

「夫妻會經常一起買菜，感情一定不差。」戴勝通以個人為例，他和太太從不吵架，彼此扶持和關懷，對他來說，和太太到市場買菜不僅不是負擔，而是件開心的事情。

戴勝通能夠輕鬆做出一桌子的菜，他的廚藝師承一位「高人」，那就是他的太太王娟。

王娟念的是家政學校，她不僅精於廚藝，而且樂在其中，喜歡下廚。友人常向王娟討教做菜的祕訣，她的答案是「愛心」，加入愛心的菜，一定好吃。她認為，做出佳餚的最大原動力是興趣，有興趣下廚，久而久之，自然燒得一手好菜。

戴勝通。。。

用一塊滷肉折服所有人

　　名師出高徒，有王娟這麼好的現成老師，加上高深的領悟力，戴勝通的廚藝也非等閒之輩，他的招牌菜滷肉頗有盛名。

　　有一回，三勝製帽一位女性主管請教他怎麼做滷肉才會好吃，戴勝通即以口述方式指導，這位女性主管回家後照著戴董的口述方法做一遍，那道滷肉受到全家人的激賞，那位主管隔天向戴勝通道謝說「我兒子說從來沒有吃過那麼好吃的滷肉」。光是口述，就有如此的效果，戴勝通甚是快慰。

　　對戴勝通來說，買菜、做飯是忙碌生活步調的一種轉換，他覺得這是紓解工作壓力的很好方式，所以他喜歡下廚，並且享受其中的樂趣，尤其是端出好菜和家人或朋友共享，是人生的至樂。

　　戴勝通最得意的是母親平日不吃肥肉，可是他做的滷肉確實魅力無法擋，不論肥的或瘦的部分，媽媽全部照單全收。

　　戴勝通認為，做出好菜的要領是慎選材料、掌握技巧，加上一些創意。例如，做滷肉不難，大家都會燒，但做得好卻要用心，他公開戴家私房秘方，那就是買豬肉記得要買黑毛豬的蹄膀，煮肉時放些蠔油會更入味。

　　三勝製帽工廠除了台灣之外，並在美國、中南美洲和大陸設有據點，事業版圖雖廣，但多數帽子但仍然在台灣生產製造，戴勝通始終以台灣為根。念舊的他形於外的就是不忘本，喜愛老的事物，連飲食口味也是如此，只要一塊滷肉就可以吃一碗飯。

滷肉

。材。料。

黑豬肉蹄膀 1 斤

。調。味。料。

油醋少許
蠔油 1/3 瓶
醬油 1 大匙
辣椒 2 根
青蒜 2 根
米酒半瓶
水適量

。做。法。

1. 先將蹄膀肉以煮開的水汆燙去油，並在去油時加些醋。
2. 燙過的蹄膀肉以冷水沖涼，再放入鍋內燉煮。
3. 加入米酒至做法 2 的鍋內，並用大火煮使其揮發掉。
4. 將蠔油、醬油、辣椒和青蒜和適量的水（湯汁須蓋過肉）倒入做法 3 的鍋中，先以大火煮開，再轉中火煮 3 分鐘，之後轉為小火，待肉快煮好時再轉中火慢慢收乾湯汁，整個燉煮時間約 11 小時。

。貼。心。小。叮。嚀。

★蹄膀汆燙後用大量冷水沖，使肉吃起來有 QQ 的感覺。

★愛心是最好的調味料。

家中隨時
飄著飯菜香

邱秀堂。

難忘母親的木炭紅燒肉

民俗作家邱秀堂天生古道熱腸，對友人全心付出，不求回報，所以邱秀堂朋友多、人緣好，大家都喜歡往她家裡跑，因為邱秀堂像拿著神奇魔棒的仙女，總有辦法找出食材做可口料理，即便做個簡單的蛋炒飯，也好吃到不行。

邱秀堂是台灣著名民俗學家「古蹟仙」林衡道的得意弟子，名師出高徒，邱秀堂著作等身，並經常應邀於報章雜誌撰寫「古蹟逍遙遊」等專欄文章。不僅如此，她還是老夫子漫畫王澤公司董事長；她將興趣與工作結合在一起，並且架設了《古蹟仙 VS 老夫子 http// www.masterqa.idv.tw 的網站》。

雖然工作繁多，不過，邱秀堂幾乎天天開伙，她喜歡在家裡吃飯，而且下廚對她來說，是輕而易舉之事。

在屏東長大的邱秀堂，祖父生前是村長，家中有許多田地，但之後家道中落。邱秀堂聽她姑姑說，小時候，家裡不僅人口眾多，且經常是高朋滿座，每天中午要開三桌，祖母和母親都很會做菜，耳濡目染下，她也對切切煮煮做料理很有興趣。

邱秀堂媽媽燒的紅燒肉堪稱一絕，吃過的人都說讚。「我母親用木炭燉煮，紅燒肉的味道特別好。」邱秀堂透露，她有個簡易又好吃的紅燒肉做法，即是先將肉下鍋和酒略炒後，放適量醬油，擺入電鍋內蒸，蒸熟後再將肉和汁倒入鍋中燉煮「縮水」，再放入糖和醬油調味即可。邱秀堂說，這道菜很方便，有工作的婦女上班前只

要將肉放到電鍋蒸，下班回家只要把肉入鍋煮至肉汁大致收乾就大功告成。

念淡江大學時，邱秀堂自屏東到台北，住在學校附近宿舍，假日時經常到永和的阿姨家做客，也在阿姨家打下了廚藝根基。邱秀堂阿姨有大廚師的手藝，因家裡常有牌局，而且會為牌友做些很特別的菜。

「姨丈是廣西人，所以阿姨學會做家鄉菜，我和她學乾煸牛肉、甩蝦等菜。」邱秀堂說，乾煸牛肉的做法是先乾煸牛肉絲，再下油鍋將薑絲、紅辣椒絲、芹菜絲與乾煸後的牛肉絲快炒，再加入醬油、醋、酒和兩顆方糖等調味料即可。甩蝦的做法則是蝦抽絲後入油鍋過一下，另將蒜、薑、蔥和辣椒等切成末後放入盆內略為攪拌後，即將蝦子倒進盆內甩幾下即可。

用挫折燙出一壺人生茶香

大學念的是企業管理，邱秀堂做過飯店、建築公司的會計，工作一段時間之後再重回學校讀歷史，她的好學和努力深受民俗學者林衡道肯定，並且傾囊相授，邱秀堂會走上研究台灣歷史和古蹟之路，完全受恩師林衡道的影響，從此，邱秀堂的生活也隨之改觀。在林衡道引薦下，她擔任前文建會主委陳奇祿的文化總會機要秘書，之後，陳奇祿轉任公共電視台籌備委員會主任委員，邱秀堂也隨之至公視籌委會服務，後被文化大學推廣教育中心，延攬為該中心創意生活處總監。

「我在文化大學推廣教育中心上班那段日子，很像是董事長的職

邱秀堂

前訓練班，因爲在該中心工作，必須自行編列預算，所有活動的各項費用要做精準成本估算，電腦操作也得自己動手。邱秀堂說，幾年機要秘書的訓練與文化大學推廣中心的獨當一面，對日後我做公司董事長很有幫助。」

邱秀堂個性隨和、工作認眞，又善解人意，深得老師、老闆的喜愛，即使學業或工作告一段落，邱秀堂仍能與老師、老闆維持密切的互動，她形容自己比較有老人緣。「可能與我學歷史有關，我很能與上了年紀的人溝通，有些前輩都與我有忘年之交，連他們的下一代都成爲我的好朋友。另外，我也比較念舊、惜物，不捨得丟棄東西，所以朋友笑我家裡堆得像倉庫，但我認爲亂中有序，要找什麼東西都找得到。」

邱秀堂從不避談有過一次不愉快的婚姻，她的體悟是凡事不要怕失去，婚姻也是如此，離婚後，她對人生有更深刻的認識與體悟，因此，她更能珍惜當下，而且變得更體貼別人。「任何事情都是有得有失，最怕是自己喪失信心。」邱秀堂說，溫水泡不出茶香，唯有沸水才能把茶葉泡開，並且泡出茶香和甘味；同樣的，挫折有時是生命中難能可貴的試煉，讓一個人更堅強、豁達，轉個心態看待人生的起落，一切雲淡風輕，自由自在了。

人間天堂，永遠都有飯菜香

「由於我家裡沒有大人，也沒有小孩，所以朋友都喜歡往我家裡跑，因爲沒大、沒小，可以無拘無束。有時候朋友打電話說要來我家，我說家裡沒有東西，只有泡麵可吃，朋友仍然要來，我只好以泡麵加些青菜、雞蛋待客，他們一樣吃得津津有味。因此，朋友相聚，吃什麼往往不是最重要的事，而是那種輕鬆沒有壓力的氛圍！」

邱秀堂表示，無論白天或是黑夜，陽光普照還是陰雨綿綿，只要有朋友相互扶持，世界就不會孤寂，所以她一直把朋友視爲珍貴資產，做好吃料理與好友分享，也是人生一大樂事。

邱秀堂的家令人驚艷，在台北市東區著名的巷弄的樓中樓，鬧中取靜，空中花園以及家裡的陳設格局，處處展現巧思。邱秀堂的家散發著隨興又親切的氛圍，友人喜歡和她在開放式廚房嘻嘻鬧鬧，並且見證她做菜的功力，只見其巧手點撥，沒有多久，一桌好

麻油雞火鍋

◦材◦料

土雞 1 隻
老薑半斤
火鍋料（包括茼蒿
菜 1 斤、豆腐 1 塊、
金菇 1 小把、丸子
半斤、粉絲少許等）

◦調◦味◦料◦

純麻油半瓶
米酒 2 瓶
鹽少許

◦做◦法◦

1. 先將整隻雞切塊（買雞時亦可請雞販代為切塊），再將老薑削掉外皮，拍扁後切成長條。
2. 放入少許油入鍋中，再加入約 3 大匙麻油。
3. 把做法 1 的薑條入鍋拌炒一下，並放入切好的雞塊略炒後，將其餘麻油倒入，蓋上鍋蓋約數分鐘。
4. 加進兩瓶米酒，蓋鍋煮約 30 分鐘。
5. 待做法 4 的麻油雞煮好後，可先盛碗湯嘗其美味，再將湯加些鹽沾著雞肉吃，鍋中剩餘的湯汁即為火鍋鍋底。
6. 將做法 5 的火鍋底湯汁再加些高湯煮沸，逐一將火鍋料加至鍋中煮熟後，即可食之。

◦貼◦心◦小◦叮◦嚀◦

★炒雞時不可以加鹽，以免破壞原味。

菜即能輕鬆上桌。因此，邱秀堂的家隨時飄著飯菜香和歡笑聲，這是個人間天堂。

　　邱秀堂表示，只要不排斥，做菜其實並不難，簡單食材和做法也能煮出好味道。她因為工作比較忙碌，所以常燉一鍋雞，加些火腿、紅棗、南杏和西洋參，以及一點鹽，很方便就能煲出一鍋好湯，再燙個青菜，蒸條魚，就可享受一頓美味營養的佳餚了。

　　「做自己喜歡做的事」是邱秀堂的座右銘，她每天開開心心地工作、做菜，人生就在她的指間逐臻圓滿。

銀杏 GINKGO

私房料理——跟著名人學做菜

作　　　者	張麗君
出　版　者	葉子出版股份有限公司
企劃主編	鄭淑娟
企劃編輯	鍾宜君
校　　稿	張瑋珊
特約編輯	詹琇宇
美術設計	阿鍾（小題大作）
印　　務	許鈞棋
登記證	局版北市業字第 677 號
地　　址	台北市新生南路三段 88 號 7 樓之 3
電　　話	（02）2366-0309　　傳真　（02）2366-0313
讀者服務信箱	service@ycrc.com.tw
網　　址	http://www.ycrc.com.tw
郵撥帳號	19735365　　戶　名　葉忠賢
印　　刷	台裕彩色印刷有限公司
法律顧問	煦日南風律師事務所
初版二刷	2005 年 9 月　新台幣　300 元
I S B N	986-7609-78-6

國家圖書館出版品預行編目資料

私房料理：跟著名人學做菜 / 張麗君著.
　-- 初版. -- 初版. -- 臺北市：葉子, 2005〔民 94〕
　　面；　公分. --（銀杏）
　ISBN 986-7609-78-6（平裝）
　1. 烹飪－文集　　2. 食譜

427　　　　　　　　　　　　94013017

總經銷	揚智文化事業股份有限公司
地　　址	台北市新生南路三段 88 號 5 樓之 6
電　　話	(02)2366-0309
傳　　真	(02)2366-0310

106-□□
台北市新生南路3段88號5樓之6

揚智文化事業股份有限公司　　　收

□□□-□□

地址：　　　市縣　　鄉鎮市區　　路街　段　巷　弄　號　樓

姓名：

Leaves
Publishing

 L5105　　　私房料理——跟著名人學做菜

葉子出版股份有限公司

讀·者·回·函

感謝您購買本公司出版的書籍。
為了更接近讀者的想法，出版您想閱讀的書籍，在此需要勞駕您詳細為我們填寫回函，您的一份心力，將使我們更加努力！！

1.姓名：＿＿＿＿＿＿

2.性別：□男 □女

3.生日／年齡：西元＿＿＿＿ 年＿＿＿月 ＿＿＿ 日＿＿＿歲

4.教育程度：□高中職以下 □專科及大學 □碩士 □博士以上

5.職業別：□學生□服務業□軍警□公教□資訊□傳播□金融□貿易
　　　　　□製造生產□家管□其他＿＿＿＿＿＿

6.購書方式／地點名稱：□書店＿＿＿＿□量販店＿＿＿＿□網路＿＿＿＿□郵購＿＿＿＿
　　　　　　　　　　　□書展＿＿＿＿□其他＿＿＿＿

7.如何得知此出版訊息：□媒體＿＿＿□書訊＿＿＿□書店＿＿＿□其他＿＿＿

8.購買原因：□喜歡作者□對書籍內容感興趣□生活或工作需要□其他

9.書籍編排：□專業水準□賞心悅目□設計普通□有待加強

10.書籍封面：□非常出色□平凡普通□毫不起眼

11. E - mail：＿＿＿＿＿＿＿＿＿＿＿＿＿＿＿＿＿＿＿

12喜歡哪一類型的書籍：＿＿＿＿＿＿＿＿＿＿＿＿＿＿＿＿＿＿＿

13.月收入：□兩萬到三萬□三到四萬□四到五萬□五萬以上□十萬以上

14.您認為本書定價：□過高□適當□便宜

15.希望本公司出版哪方面的書籍：＿＿＿＿＿＿＿＿＿＿＿＿＿＿

16.本公司企劃的書籍分類裡，有哪些書系是您感到興趣的？

□忘憂草（身心靈）□愛麗絲（流行時尚）□紫薇（愛情）□三色堇（財經）
□銀杏（食譜保健）□風信子（旅遊文學）□向日葵（青少年）

17.您的寶貴意見：
＿＿＿＿＿＿＿＿＿＿＿＿＿＿＿＿＿＿＿＿＿＿＿＿＿＿＿＿＿＿＿＿＿

☆填寫完畢後，可直接寄回（免貼郵票）。
　我們將不定期寄發新書資訊，並優先通知您
　其他優惠活動，再次感謝您！！

Leaves
Publishing

根
以讀者爲其根本

莖
用生活來做支撐

葉
引發思考或功用

果
獲取效益或趣味